水产养殖新技术推广指导用书

中国水产学会
全国水产技术推广总站　组织编写

鲟鱼高效生态养殖新技术
XUNYU GAOXIAO SHENGTAI YANGZHI XIN JISHU

杨德国　主编

海洋出版社

2012年·北京

图书在版编目（CIP）数据

鲟鱼高效生态养殖新技术/杨德国主编. —北京：
海洋出版社，2012.2
（水产养殖新技术推广指导用书）
ISBN 978-7-5027-8127-9

Ⅰ.①鲟…　Ⅱ.①杨…　Ⅲ.①鲟科-鱼类养殖
Ⅳ.①S965.215

中国版本图书馆CIP数据核字（2011）第208587号

责任编辑：郑　珂　常青青
责任印制：赵麟苏

海洋出版社　出版发行

http：//www.oceanpress.com.cn
北京市海淀区大慧寺路8号　邮编：100081
北京盛兰兄弟印刷装订有限公司印刷　新华书店北京发行所经销
2012年2月第1版　2012年2月第1次印刷
开本：880 mm×1230 mm　1/32　印张：6.625
字数：188千字　定价：25.00元
发行部：62132549　邮购部：68038093　总编室：62114335
海洋版图书印、装错误可随时退换

彩图

1. 匙吻鲟菜肴
2. 鲟鱼鱼子酱
3. 达氏鳇
4. 欧洲鳇

彩图

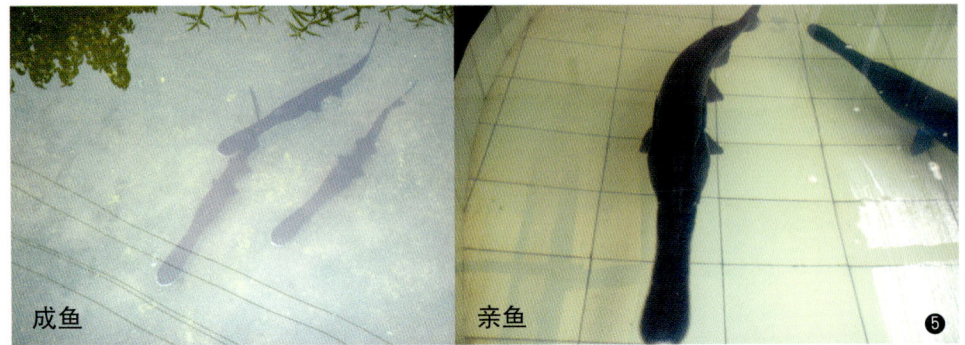

成鱼　亲鱼

5. 匙吻鲟
6. 西伯利亚鲟
7. 小体鲟（右为亲鱼）

成鱼

亲鱼

野生亲鱼

养殖成鱼

8. 俄罗斯鲟（右为成鱼）
9. 施氏鲟成鱼
10. 施氏鲟苗种（沉底）
11. 中华鲟
12. "大杂"杂交鲟（♂施氏鲟×♀达氏鳇）

彩图

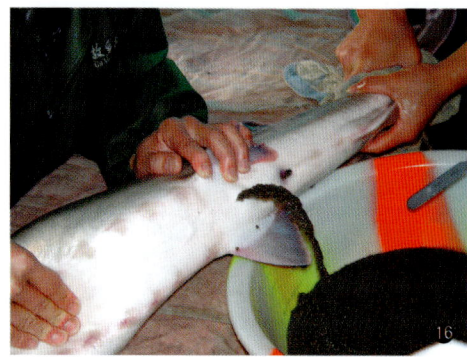
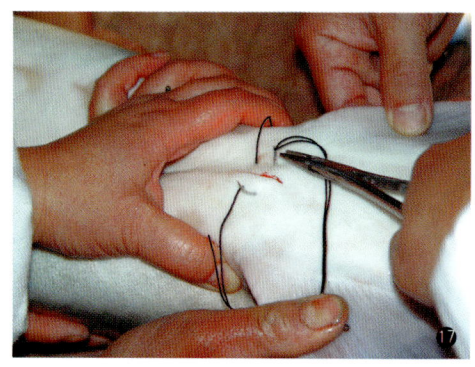

13. "西杂"杂交鲟苗种（西伯利亚鲟×施氏鲟）
14. 杂交鲟（♀欧洲鳇×♂小体鲟）
15. 鲟鱼养殖示范基地亲鱼培育池
16. 活体手术取卵
17. 取卵后的创口缝合
18. 尤先科孵化器

19. 瓶式孵化器
20. 圆形养殖池
21. 椭圆形鱼池
22. 八角形养殖池
23. 清江水库鲟鱼网箱
24. 竹制网箱

彩图

25. 镀锌钢管网箱
26. 角铁架网箱
27. 水泥浮桥网箱
28. 网箱饲料台
29. 人工湿地结构
30. 人工湿地植物

31. 气提装置
32. 池塘养殖的鲟鱼
33. 细菌性败血病
34. 细菌性肠炎病体表症状
35. 细菌性肠炎病内部症状
36. 肿嘴病

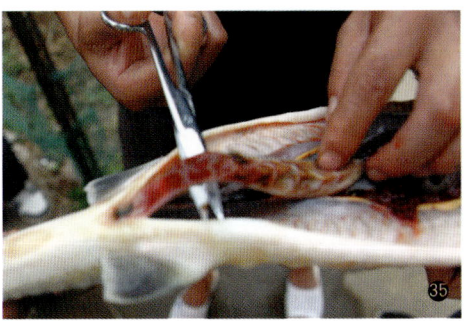
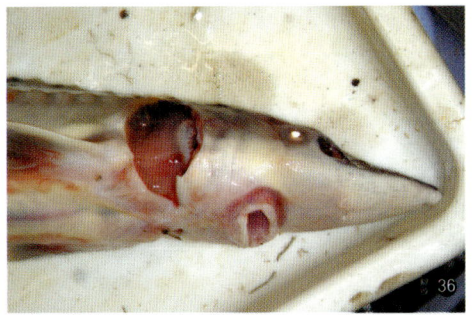

彩图

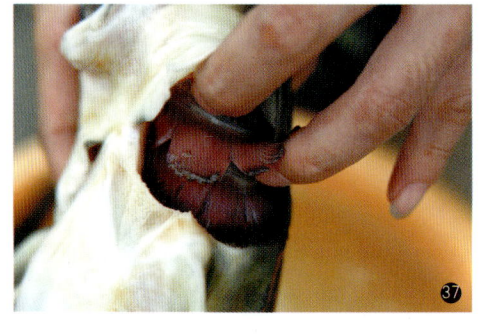

37. 烂鳃病　　　　40. 孢子虫病　　　　43. 卵甲藻
38. 卵霉病　　　　41. 鲟肝脏孢子虫　　44. 卵甲藻病
39. 肤霉病　　　　42. 小瓜虫成体

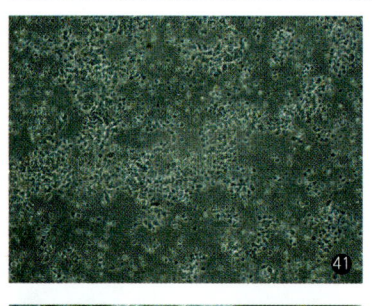
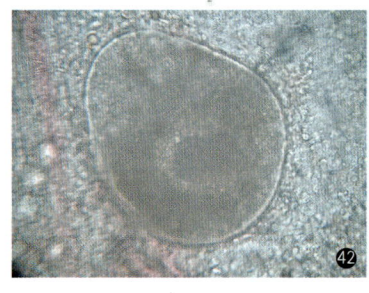
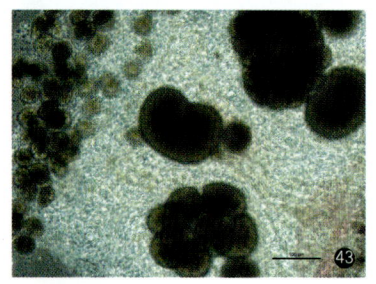

《水产养殖新技术推广指导用书》编委会

名誉主任 林浩然
主　任 雷霁霖
副主任 司徒建通　石青峰　魏宝振　翟晓斌　丁晓明
主　编 司徒建通
副主编 魏宝振　王清印　丁晓明　江世贵　吴灶和
　　　　　桂建芳　刘雅丹
编　委（按姓氏笔划排列）

于培松	马达文	毛洪顺	王印庚	王吉桥	王奇欣
付佩胜	叶维钧	归从时	龙光华	刘亚东	刘洪军
曲宇风	何中央	何建国	吴　青	吴淑勤	宋盛宪
张有清	张学成	张建东	张　勤	李应森	李卓佳
李　健	李　霞	杨先乐	杨国梁	汪开毓	肖光明
苏永全	轩子群	邹桂伟	陈文银	陈昌福	陈爱平
陈基新	周锦芬	罗相忠	范金城	郑曙明	金满洋
姚国成	战文斌	胡超群	赵　刚	徐　跑	晁祥飞
殷永正	袁玉宝	高显刚	常亚青	绳秀珍	游　宇
董双林	漆乾余	戴银根	魏平英		

《鲟鱼高效生态养殖新技术》编委会

主　编　杨德国

编　委（按姓氏笔划排序）

马国军　孙大江　孙　辉

朱永久　陆华洲　景德武

丛 书 序

我国的水产养殖自改革开放至今，高速发展成为世界第一养殖大国和大农业经济中的重要增长点，产业成效享誉世界。进入21世纪以来，我国的水产养殖继续保持着强劲的发展态势，为繁荣农村经济、扩大就业岗位、提高生活质量和国民健康水平做出了突出贡献，也为海、淡水渔业种质资源的可持续利用和保障"粮食安全"发挥了重要作用。

近30年来，随着我国水产养殖理论与技术的飞速发展，为养殖产业的进步提供了有力的支撑，尤其表现在应用技术处于国际先进水平，部分池塘、内湾和浅海养殖已达国际领先地位。但是，对照水产养殖业迅速发展的另一面，由于养殖面积无序扩大，养殖密度任意增高，带来了种质退化、病害流行、水域污染和养殖效益下降、产品质量安全等一系列令人堪忧的新问题，加之近年来不断从国际水产品贸易市场上传来技术壁垒的冲击，从而使我国水产养殖业的持续发展面临空前挑战。

新世纪是将我国传统渔业推向一个全新发展的时期。当前，无论从保障食品与生态安全、节能减排、转变经济增长方式考虑，还是从构建现代渔业、建设社会主义新农村的长远目标出发，都对渔业科技进步和产业的可持续发展提出了更新、更高的要求。

渔业科技图书的出版，承载着新世纪的使命和时代责任，客观上要求科技读物成为面向全社会，普及新知识、努力提高渔民文化素养、推动产业高速持续发展的一支有生力量，也将成为渔业科技成果入户和展现渔业科技为社会不断输送新理念、新技术的重要工具，对基层水产技术推广体系建设、科技型渔民培训和产业的转型提升都将产生重要影响。

中国水产学会和海洋出版社长期致力于渔业科技成果的普及推广。目前在农业部渔业局和全国水产技术推广总站的大力支持下，近期出版了一批《水产养殖系列丛书》，受到广大养殖业者和社会各界的普遍欢迎，连续收到许多渔民朋友热情洋溢的来信和建议，为今后渔业科普读物的扩大出版发行积累了丰富经验。为了落实国家"科技兴渔"的战略方针、促进及时转化科技成果、普及养殖致富实用技术，全国水产技术推广总站、中国水产学会与海洋出版社紧密合作，共同邀请全国水产领域的院士、知名水产专家和生产一线具有丰富实践经验的技术人员，首先对行业发展方向和读者需求进行广泛调研，然后在相关科研院所和各省（市）水产技术推广部门的密切配合下，组织各专题的产学研精英共同策划、合作撰写、精心出版了这套《水产养殖新技术推广指导用书》。

本丛书具有以下特点：

（1）注重新技术，突出实用性。本丛书均由产学研有关专家组成的"三结合"编写小组集体撰写完成，在保证成书的科学性、专业性和趣味性的基础上，重点推介一线养殖业者最为关心的陆基工厂化养殖和海基生态养殖新技术。

（2）革新成书形式和内容，图说和实例设计新颖。本丛书精心设计了图说的形式，并辅以大量生产操作实例，方便渔民朋友阅读和理解，加快对新技术、新成果的消化与吸收。

（3）既重视时效性，又具有前瞻性。本丛书立足解决当前实际问题的同时，还着力推介资源节约、环境友好、质量安全、优质高效型渔业的理念和创建方法，以促进产业增长方式的根本转变，确保我国优质高效水产养殖业的可持续发展。

书中精选的养殖品种，绝大多数属于我国当前的主养品种，也有部分深受养殖业者和市场青睐的特色品种。推介的养殖技术与模式均为国家渔业部门主推的新技术和新模式。全书内容新颖、重点突出，较为全面地展示了养殖品种的特点、市场开发潜力、生物学与生态学知识、主体养殖模式，以及集约化与生态养殖理念指导下的苗种繁育技术、商品鱼养成技术、水质调控技术、营养和投饲技术、病害防控技术等，还介绍了养殖品种的捕捞、运输、上市以及在健康养殖、无公害养殖、理性消费思路指导下的有关科技知识。

本丛书的出版，可供水产技术推广、渔民技能培训、职业技能鉴定、渔业科技入户使用，也可以作为大、中专院校师生养殖实习的参考用书。

衷心祝贺丛书的隆重出版，盼望它能够成长为广大渔民掌握科技知识、增收致富的好帮手，成为广大热爱水产养殖人士的良师益友。

中国工程院院士
雷霁霖
2010 年 11 月 16 日

前　言

鲟鱼体形硕大,生长迅速,营养成分丰富且含量高,兼具食用和药用价值,经济性状优良,综合开发价值大。我国从 20 世纪 90 年代中、后期开始鲟鱼商业化养殖,经过 10 余年的发展,鲟鱼产量现约占全球鲟鱼总产量的 75%,已成为事实上的世界鲟鱼养殖大国。即便如此,目前全国每年养殖生产的鲟鱼总产量仍不足 3 万吨,与其他名贵鱼类的养殖产量相比差距甚大,市场上鲟鱼供不应求的现象时有发生,养殖鲟鱼大有可为。

鲟鱼属于较古老的鱼类,偏冷水性,喜爱洁净、溶氧量高的水环境,且性成熟周期一般较长,对养殖条件与环境、不同生产阶段的养殖生产与管理技术都有一些特殊要求。本书从鲟鱼养殖生产的实际需要出发,将编者在长期开展鲟鱼繁殖、养殖技术研究和生产中积累的实践经验和体会,从主要养殖鲟鱼种类的基本生物学特性、人工繁殖与育苗、养殖水质调控、不同阶段营养需求与饲料配方、各种商品鲟鱼的高效健康养殖模式、病害诊断与防控、活体暂养与运输等方面,对涉及鲟鱼养殖生产、销售主要环节的关键步骤和最新技术进行了详细的总结和说明,内容丰富,资料翔实,将理论与生产技术和实践经验融为一体,叙述深入浅出,文字通俗易懂,同时配以大量的实物照片和图示,实用性和可操作性强,旨在帮助养殖生产者解决生产中遇到的难题,尽快将鲟鱼高效健康养殖新技术应用于生产实践。

本书共分八章,第一章由杨德国编写,第二章由马国军、孙大江编写,第三章由孙辉编写,第四章由景德武编写,第五章由朱永久、杨德国编写,第六章由朱永久编写,第七章由陆华洲编写,第八章由杨德国、朱永久编写,全书由杨德国负责统稿。

编　者
2011 年 1 月

目 录

第一章　鲟鱼及其养殖现状 ……………………………… (1)
  第一节　世界鲟鱼概况 ……………………………… (2)
  第二节　我国主要养殖鲟鱼品种 …………………… (12)

第二章　鲟鱼的人工繁殖和育苗技术 …………………… (35)
  第一节　人工繁殖技术 ……………………………… (35)
  第二节　苗种培育技术 ……………………………… (43)

第三章　鲟鱼的养殖水质调控技术 ……………………… (49)
  第一节　鲟鱼养殖水质要求 ………………………… (49)
  第二节　养殖水质主要调控方法 …………………… (54)
  第三节　不同养殖模式水质调控要点 ……………… (62)

第四章　鲟鱼的营养与饲料 ……………………………… (67)
  第一节　鲟鱼的营养需求 …………………………… (67)
  第二节　鲟鱼配合饲料 ……………………………… (70)
  第三节　鲟鱼的饲料投喂技术 ……………………… (76)

第五章　鲟鱼商品鱼健康养殖技术 ……………………… (82)
  第一节　流水养殖 …………………………………… (82)
  第二节　网箱养殖 …………………………………… (91)

　　第三节　生态循环水养殖 …………………（103）
　　第四节　池塘养殖 ………………………………（116）
　　第五节　大水面放养 ……………………………（127）

第六章　鲟鱼的病害及防控技术 …………………（134）
　　第一节　鲟鱼病害的特点及发生原因 …………（134）
　　第二节　鲟鱼病害的预防和治疗技术 …………（138）
　　第三节　病害防治与食品安全 …………………（151）

第七章　鲟鱼的活体运输与暂养技术 ……………（155）
　　第一节　鲟鱼的捕捞与运输 ……………………（155）
　　第二节　鲟鱼的暂养技术 ………………………（161）

第八章　健康养殖相关知识 …………………………（163）
　　第一节　健康养殖的意义和现状 ………………（163）
　　第二节　安全水产品等级 ………………………（165）

附　录 …………………………………………………（170）
　　附录1　渔用药物使用和渔药残留限量相关标
　　　　　　准 ……………………………………………（170）
　　附录2　养殖用水水质标准 ……………………（178）
　　附录3　常用鲟鱼商品饲料品牌及厂家信息 …（182）
　　附录4　主要鲟鱼苗种供应商信息 ……………（184）

参考文献 ………………………………………………（187）

第一章 鲟鱼及其养殖现状

内容提要：世界鲟鱼概况；我国主要养殖鲟鱼品种。

鲟鱼类是鲟形目鱼类的统称，在分类上隶属于硬骨鱼纲、辐鳍亚纲、软骨硬鳞下纲。鲟鱼类的化石出现在约2亿年前的中生代侏罗纪，是软骨硬鳞下纲鱼类中唯一的现存目，故被认为是目前地球上现存最古老的鱼类之一，许多人据此称其为"活化石"，是人们研究地球生物进化、地理板块运动、地质结构变迁、气候及生态环境变化等科学问题的宝贵材料。

与其他海淡水鱼类比较，鲟形目鱼类的个体普遍都较大，是一类体形偏大的鱼类。鲟鱼类的性腺发育成熟晚，生长速度快，对环境适应能力较强，病害相对较少，其体表被少量骨板，体内无硬骨和肌间刺，体组织及各器官均可食用，可利用比例高，且味道鲜美、营养丰富，各种营养成分全面，蛋白质、各种人体必需氨基酸及不饱和脂肪酸含量高，用其卵制作的鱼子酱尤其珍贵，被欧洲各国的皇室、贵族视作珍品，价值高昂，被誉为"黑色黄金"，因其经济价值极高，是世界各国都非常重视的一种大型经济鱼类。

20世纪初期以来，由于市场需求的不断增加，全球范围的鲟鱼自然种群被过度捕捞，尤其是随着经济建设的发展，各国在出产鲟鱼的河流陆续修建了大量水利水电工程，使鲟鱼的洄游通道被阻断，水域环境被污染，鲟鱼赖以生存的生态环境遭到严重破坏，导致全球鲟鱼自然资源的急剧下降，大多数种类已处于濒危

状态，少量种类已近乎绝迹。目前，所有的鲟形目鱼类均已被列为《国际濒危野生动植物种贸易公约》（CITES）附录1和附录2中的保护物种。

在世界鲟鱼产品市场供不应求、市场需求量不断增加以及自然资源严重衰退、自然种群必须加强保护的双重压力下，从20世纪中期开始，世界各主要产鲟国加强了鲟鱼人工养殖相关技术研究，一方面，通过人工繁殖鱼苗的大规模增殖放流，达到保护和增殖鲟鱼自然种群资源的目的，另一方面，随着人们对鲟鱼人工繁殖、苗种培育及养殖技术的深入掌握，以满足市场需求为导向的鲟鱼商业化养殖也开始在许多国家得到迅速发展。目前，全球开展鲟鱼养殖有一定规模的国家主要有中国、俄罗斯（也包括苏联时期的一些加盟国如哈萨克斯坦、土库曼斯坦）、伊朗、美国、意大利、法国和德国，其中中国的鲟鱼养殖产业虽然开始较晚，但发展迅速，近几年的鲟鱼养殖年产量已达2万~3万吨，占世界鲟鱼产量的比例达到70%~80%，已成为鲟鱼养殖大国。

虽然世界鲟鱼的养殖规模与产量都在增长，但在总量上，离世界鲟鱼曾经的最高产量尚有较大差距。鲟鱼除了全身都可食用外（包括鲜肉及加工品、鱼子酱、鳍、吻、软骨等），随着鲟鱼养殖产业的兴起，以鲟鱼为原料进行深加工开发的研究受到重视，并取得较大的进展，使鲟鱼逐渐成为一些医药、皮革、保健品加工生产的原料，因此，世界范围内对鲟鱼产品的需求还将逐渐增大，开展鲟鱼的人工养殖前景光明。

第一节　世界鲟鱼概况

一、鲟鱼的种类与分布

全世界共有现生鲟形目（Acipenseriformes）鱼类27种，分属2科6属。其中鲟科（Acipenseridae）有4属25种；白鲟科（Polyodontidae）有2属2种，分别是北美的匙吻鲟和我国长江的白鲟。世界现生鲟形目鱼类种类及原主要地理分布区如表1-1所示。

表1-1 世界现生鲟形目鱼类种类及原主要地理分布区

	中文名	英文名	拉丁学名	主要地理分布区
1	西伯利亚鲟	Siberian sturgeon	*Acipenser baerii*	西伯利亚地区
2	短吻鲟	Shortnose sturgeon	*A. brevirostrum*	北美东海岸
3	达氏鲟	Dabry's sturgeon	*A. dabryanus*	中国长江流域
4	湖鲟	Lake sturgeon	*A. fulvescens*	大湖及加拿大南部湖泊
5	俄罗斯鲟	Russian sturgeon	*A. gueldenstaedti*	黑海、亚速海、里海流域
6	中吻鲟	Green sturgeon	*A. medirostris*	北美西海岸
7	库叶岛鲟	Sakhalin sturgeon	*A. mikadoi*	北太平洋亚洲东海岸
8	纳氏鲟	Adriatic sturgeon	*A. naccarii*	亚得里亚海流域
9	裸腹鲟	Ship sturgeon	*A. nudiventris*	咸海、里海、黑海流域
10	海湾鲟 大西洋鲟	Gulf sturgeon Atlantic sturgeon	*A. oxyrinchus desotoi* *A. o. oxyrinchus*	北美东海岸
11	波斯鲟	Persian sturgeon	*A. persicus*	黑海、里海流域
12	小体鲟	Sterlet	*A. ruthenus*	欧洲及西伯利亚水域
13	施氏鲟	Amur River sturgeon	*A. schrenckii*	中国黑龙江流域
14	中华鲟	Chinese sturgeon	*A. sinensis*	中国长江、珠江流域
15	闪光鲟	Stellate sturgeon or sevruga	*A. stellatus*	黑海、亚速海、里海流域
16	欧洲鲟	Atlantic (Baltic) sturgeon	*A. sturio*	波罗的海、黑海、地中海流域

续表

	中文名	英文名	拉丁学名	主要地理分布区
17	高首鲟	White sturgeon	*A. transmontanus*	北美西海岸
18	达乌尔鳇	Kaluga sturgeon	*Huso dauricus*	中国黑龙江流域
19	欧洲鳇	Great sturgeon or beluga	*H. huso*	黑海、亚速海、里海流域
20	锡尔河拟铲鲟	Syr-Dar shovelnose sturgeon	*Pseudoscaphirhynchus fedtschenkoi*	咸海锡尔河流域
21	阿母河拟铲鲟	Small Amu-Dar shovelnose sturgeon	*P. hermanni*	咸海阿姆河流域
22	阿母河大拟铲鲟	Large Amu-Dar shovelnose sturgeon	*P. kaufmanni*	咸海阿姆河流域
23	密苏里铲鲟	Pallid sturgeon	*Scaphirhynchus albus*	美国密西西比河、密苏里河流域
24	密西西比铲鲟	Shovelnose sturgeon	*S. platorynchus*	美国密西西比河、密苏里河流域
25	阿拉巴马铲鲟	Alabama sturgeon	*S. suttkusi*	美国阿拉巴马河和密西西比的莫比尔河流域
26	匙吻鲟	Paddlefish	*Polyodon spathula*	美国密苏里河、密西西比河流域
27	白鲟	Chinese paddlefish	*Psephurus gladius*	中国长江流域

　　从鲟形目鱼类起源的地理分布看，所有已知化石种和现生种均来源于全北区，除中华鲟珠江种群越过北回归线外，其他所有种均分布于北半球北回归线以北。因此，鲟鱼类是一类偏冷水性的鱼类。总体看，现生鲟形目鱼类有3个密集分布区：一个是欧洲东部的里海、黑海、咸海地区，一个是环绕北太平洋两岸的亚洲东

部和北美洲西部地区，另一个为北美洲东海岸地区。

我国是鲟鱼种类资源相对丰富的国家，原生分布有鲟鱼类2科3属8种，包括黑龙江流域水系分布的达乌尔鳇（黑龙江鳇）和施氏鲟2种，长江流域水系分布的白鲟、达氏鲟和中华鲟3种（中华鲟同时分布在珠江水系），另外3种为西伯利亚鲟、小体鲟和裸腹鲟，均仅在我国的新疆地区有少量分布，其中西伯利亚鲟主要栖息于额尔齐斯河、布伦托海、博斯腾湖，小体鲟栖息在新疆北部的布伦托海，裸腹鲟栖息在伊宁、绥定等地的水域中，这3种鲟鱼在我国的种群很少，目前已较难捕获。我国目前养殖的很多种类，如匙吻鲟、俄罗斯鲟、欧洲鳇以及西伯利亚鲟、小体鲟等，基本都是从国外（主要是俄罗斯）引种而来。

在历史上，我国的鲟鱼年捕捞量较大，仅次于苏联，尤其在长江和黑龙江水域，都曾有较大规模的鲟鱼捕捞产量。

二、鲟鱼的经济价值

鲟鱼类体形硕大，一些种类（如中华鲟、达氏鳇）的最大个体可达1 000千克以上，寿命长者达到100年以上。鲟鱼的生长速度普遍较快，达到性成熟的年龄晚，对环境的适应性较强，而且人工养殖时病害相对较少，适于进行集约化养殖，因而是一类极具发展潜力的大型经济鱼类。鲟鱼集美食、良药、工艺、观赏于一体，全身是宝，其经济价值主要包括以下几个方面。

1. 食用价值

鲟鱼是与恐龙同时代的物种，虽然恐龙早在6 000万年前已经灭绝，但鲟鱼却以其顽强的生命力生存下来，并保留了稳定、抗突变的优良基因性状，营养极为丰富。而且鲟鱼生长速度快，一些种类当年苗种养殖可达2~3千克，多种鲟鱼在海水及淡水中都能养殖，是开展养殖的优良品种。

根据相关测定数据（表1-2），鲟鱼肌肉的蛋白质组成比例普遍较斑鳜、草鱼、彭泽鲫、河蟹等优质水产品和鸡蛋高，与对虾相近，脂肪组成比例明显高于斑鳜、草鱼、彭泽鲫和对虾。同时，鲟鱼肌肉及体组织富含氨基酸及微量元素，尤其人体必需氨基酸组成齐全，呈味氨基酸含量高（表1-3），使得鲟鱼不仅营养丰富，而且味道鲜美，深受消费者的喜爱和追捧。

表1-2 鲟鱼及我国几种优质水产品营养成分比较

种类	水分/%	蛋白质/%	粗脂肪/%	灰分/%
俄罗斯鲟（425~595克）	75.30	19.18	3.60	1.19
小体鲟（300~380克）	71.60	21.72	4.40	1.12
中华鲟（625~830克）	80.60	16.68	1.00	1.10
施氏鲟（630~770克）	71.50	20.23	5.70	1.10
达氏鳇（1 250~1 480克）	78.40	18.25	1.40	1.08
达氏鳇♀×施氏鲟♂（874~913克）	75.80	19.46	3.30	1.19
匙吻鲟（600克）	78.67	17.09	3.10	1.02
匙吻鲟（300克）	79.70	16.77	2.72	1.09
西伯利亚鲟［（39±0.2）克］	74.03	16.45	8.63	—
斑鳜（25~570克）	79.09	17.27	1.35	1.11
草鱼（120~1 520克）	79.84	17.46	1.45	1.13
彭泽鲫（96~395克）	79.67	16.88	0.91	1.16
真鲷（235~480克）	78.25	14.53	2.54	1.53
河蟹可食部分（雌）	69.10	15.67	10.28	1.48
河蟹可食部分（雄）	71.33	15.72	8.33	1.76
中国对虾（10~12厘米）虾肉	74.23	20.66	1.51	1.65
鸡蛋	74.97	13.54	10.42	1.21

表1-3 鲟鱼及我国几种优质水产品4种呈味氨基酸含量比较

种类	天冬氨酸/%	谷氨酸/%	甘氨酸/%	丙氨酸/%
俄罗斯鲟（425~595克）	2.04	3.13	0.95	1.15
小体鲟（300~380克）	2.38	3.56	1.06	1.30
中华鲟（625~830克）	1.69	2.70	0.84	1.08
施氏鲟（630~770克）	2.05	3.27	1.04	1.20

续表

种类	天冬氨酸/%	谷氨酸/%	甘氨酸/%	丙氨酸/%
达氏鳇（1 250~1 480 克）	1.87	3.05	1.00	1.11
达氏鳇♀×施式鲟♂（874~913 克）	1.96	3.13	0.98	1.09
匙吻鲟（600 克）	1.04	2.69	0.86	0.95
匙吻鲟（300 克）	1.42	2.62	0.78	0.90
鲢鱼（1 000~1 500 克）	1.17	1.69	0.42	0.57
斑鳜（25~570 克）	1.78	2.58	0.82	0.82
草鱼（120~1 520 克）	1.62	2.39	0.78	0.93
彭泽鲫（96~395 克）	1.74	2.51	0.87	1.04
河蟹可食部分（雌）	1.30	1.93	0.78	0.94
河蟹可食部分（雄）	1.28	2.09	0.82	1.12
中国对虾（10~12 厘米）虾肉	1.46	2.89	1.93	1.29
鸡蛋	1.26	1.34	0.54	0.83

鲟鱼全身无硬骨，没有肌间刺，仅体表被有少量骨板，全身组织或器官包括软骨、吻、鳍、脊索及胃肠等内脏都可制作成各种高级菜肴供人们食用，几乎没有废弃物，而且一般都属于餐桌上的高档菜品。我国从西周就开始捕捞利用鲟鱼，并将其作为隆重祭祀的祭品。我国古人对鲟鱼的食用及加工方法很多。如陆玑曾有描述"大者千余斤，可蒸为臛（肉羹），又可作鲊，鱼子可为酱"。《本草纲目》中也云："其脂与肉层层相间，肉色白，脂色黄如蜡。其脊骨及鼻，并鬐与鳃，皆脆软可食。其肚及子盐藏亦佳。其鳔亦可作胶。其肉骨煮炙及作鲊皆美。"

鲟鱼除可直接加工成菜肴食用外（彩图 1），因其体大、肉厚，也很容易加工制作成各种半成品或成品后食用，如目前利用鲟鱼加工制作的熏鱼、各种口味的罐头、冰鲜鱼片等产品已经上市。国际市场上冰鲜鲟鱼块售价达到每千克 20 美元左右，加工的熏制品每千克售价达到 70~80 美元。

在鲟鱼食品中，最出名的当属以其卵制作而成的鱼子酱，被誉为"黑色黄金"（优质鲟鱼鱼子酱多呈黑色，详见彩图2）。鲟鱼成熟卵的蛋白质含量普遍超过20%，如匙吻鲟和施氏鲟成熟卵的蛋白质含量分别为20.6%和26.2%，而且氨基酸组成和卵磷脂含量高，营养价值极高，历来都是驰名中外的名贵滋补食品。尤其在欧美市场上，鲟鱼鱼子酱作为一种高档食品，往往仅出现在高档宴席或极重要的场合，被皇宫贵族、达官显贵作为一种身份象征专享，因此售价极高。近几年来，仅鱼子酱一项，每年的国际贸易总额即为5亿美元左右。国际市场上鲟鱼卵交易价一般在每千克300美元左右，鲟鱼鱼子酱的每千克售价一般为1 000～2 000美元，顶级品则高达4 000～6 000美元，市场上人工养殖鲟鱼生产的鲟鱼鱼子酱售价普遍要低一些。

2. 药用价值

鲟鱼类既是人类优质的蛋白源，同时其药用价值也非常出名。在《本草纲目》中就记载有许多关于鲟鱼药用价值的论述。如"肝……主治恶疮疥癣。勿以盐灸食。""肉……补虚益气，令人肥健。煮汁饮，治血淋。鼻肉作脯……补虚下气。子状如小豆，……食之肥美，杀腹内小虫。""鲟鱼骨，补五脏，长腰力，食之明目壮阳、延年益寿。"我国民间尤其长江中游地区的很多渔民，都将鲟鱼油视作治疗烫伤、烧伤的特效药。

随着现代生物技术和医药工业的发展，鲟鱼类的药用价值愈加显现。目前的研究发现，鲟鱼软骨、脊索、肌肉等组织中富含的硫酸软骨素，可防治人类心脑血管疾病；鲟鱼还具有抗癌作用，其脊索抗癌因子KH_2的含量是鲨鱼的4～5倍。

3. 工业原材料价值

鲟鱼类的一些组织尤其是以前作为废弃物的内脏器官组织，许多可作为医药工业、食品工业的原材料，可达到综合利用的效果。如从鲟鱼中提炼的硫酸软骨素及鱼鳔和脊索等，可作为制成防治心脑血管疾病的药物以及高级化妆品和保健食品的重要原料。鲟鱼皮韧性好，是制作高档皮革制品、工艺品的优质原料，而鲟鱼骨板制作的工艺品、鲟鱼鳍制成的鱼翅，在市场上都价值不菲。

4. 观赏价值

鲟鱼种类多，个体硕大，而且不同种类体形、颜色各异，生活习性不同，故而成体或幼体，其观赏价值都很高。许多水族馆、海洋馆都蓄养大型鲟鱼以吸引游客，而鲟鱼幼体在东南亚和我国台湾、香港等地也被视为上等观赏鱼类。

三、世界鲟鱼产量与养殖现状

过去近200年间，世界鲟鱼的产量在1.5万~4.0万吨之间波动。20世纪80年代以前，世界鲟鱼产量基本靠自然捕捞，主要产自里海流域（图1-1）。20世纪70年代开始，受水利工程建设、过度捕捞、水域环境污染等因素影响，全球范围内的鲟鱼自然资源急剧下降，世界鲟鱼年产量由每年近4万吨，下降至20世纪80年代末期的约2万吨，世界鲟鱼鱼子酱的年产量，也由20世纪70年代初的约3 000吨，下降至2003年的约100吨，从而形成了世界鲟鱼产品市场供不应求的局面。

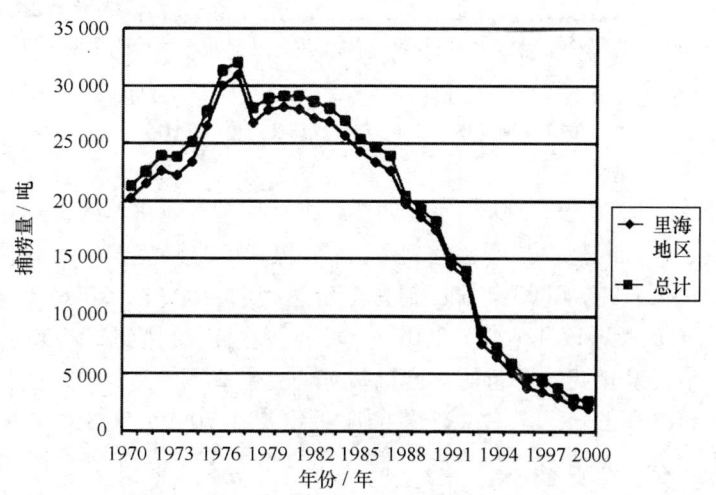

图1-1　1970—2000年世界鲟鱼捕捞量（FAO）

为解决鲟鱼产品市场供应和鲟鱼资源保护的矛盾，欧美国家从20世纪80年代就开始进行鲟鱼的人工繁殖放流和商业化养殖，其中苏联和美国是主要的生产国。根据联合国粮农组织（FAO）的统计资料，20世纪80年代至90年代期间，世界鲟鱼养殖产量基本稳定在数百吨。随着世界鲟鱼产品需求增大，俄罗斯、意大利、美国、法国、德国、伊朗等国家的鲟鱼养殖产业得到较大发展，此后世界鲟鱼养殖产量逐年增加，到2000年产量已经超过3 000吨（图1-2，为不完全统计数据）。尤其是我国从20世纪90年代中、后期开始进行鲟鱼养殖后（虽然起步较晚，但发展迅猛），使世界鲟鱼养殖产量迅速突破10 000吨，世界鲟鱼产品市场供应实现了从自然捕捞向人工养殖的转变。

目前，世界上除我国外开展鲟鱼养殖有一定规模的国家中，俄罗斯、意大利和伊朗的鲟鱼养殖产量相对较大，其他国家养殖鲟鱼产量不大，年产量一般在数十吨至百余吨之间。

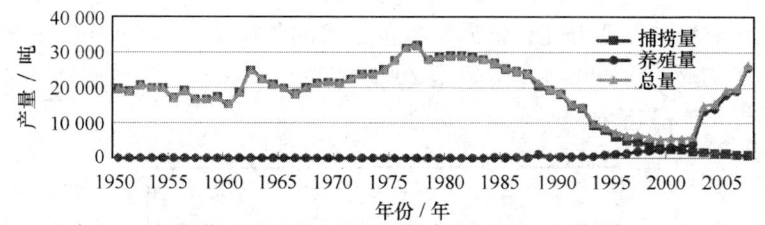

图1-2 1950—2007年世界鲟鱼产量（FAO）

我国从20世纪90年代中期开始进行鲟鱼商业化养殖，不久就形成了较大的规模和产量，到21世纪初每年的鲟鱼养殖产量基本都超过1万吨，2005年全国鲟鱼产量达到15 400吨，2006年全国统计产量达到17 424吨，2007年全国鲟鱼总产量达到22 000吨以上。最近几年我国鲟鱼的年产量基本稳定在2万~3万吨之间，我国鲟鱼产量占全球鲟鱼总产量的比重维持在70%~80%，并已开始利用人工养殖鲟鱼生产鱼子酱，2007年已出口人工养殖鲟鱼鱼子酱约为7吨，成为世界鲟鱼养殖大国。我国鲟鱼养殖规模较大的地区有北京、广东、湖北、四川、山东、河北等，湖南、云南、贵州、江西、重庆等地区近几年也取得较大发展，已形成每年数十亿元的鲟鱼产业，在改善我国渔业生产结构，提高优质水产品供给量，增加农民收入方面发挥了一定作用。

四、主要市场

鲟鱼产品的消费市场包括国内市场和国外市场两部分。

鲟鱼在我国还属于一种新型水产消费品,国内消费市场起初主要分布在有鲟鱼捕捞产业的长江流域、黑龙江流域的相关省市,如湖北、重庆、四川、黑龙江等,随着鲟鱼养殖产业的兴起和产量的提高,鲟鱼消费市场区域逐渐扩大,尤其是一些经济发达的地区,如上海、北京、广州、深圳等消费水平较高的城市首先成为鲟鱼产品消费的主要市场。近几年来,鲟鱼消费市场不断扩大,新兴消费区域,如江苏、浙江、湖南、河南、江西、贵州、云南等地,市场需求规模正不断扩大。因此,我国消费市场对鲟鱼产品的总体需求比较旺盛,并在不断增长之中。如根据近几年的不完全统计数据,仅1~2千克/尾规格的鲟鱼鲜活产品的日消费量,上海为1.0万~1.5万尾/天,北京为1.2万~1.6万尾/天,广州则达到2万尾/天。

受消费习惯的限制,国内市场销售的鲟鱼产品主要以鲜活鱼为主,冰鲜鱼为辅。其中我国中南、西南等喜欢消费水产品的地区,消费的鲟鱼产品主要是规格为1~2千克/尾的鲜活个体,而北方地区在消费鲜活产品的同时,也消费冰鲜产品,如黑龙江市场就对个体较大的冷冻冰鲜鲟鱼产品有较大的消费量。

我国鲟鱼的市场销售价格经历过大幅度的波动。在鲟鱼养殖发展的初期,作为高档水产品出现的鲟鱼,1998年的市场批发价曾高达400元/千克以上。此后,由于鲟鱼是一种新兴的非传统水产品,在市场尤其是非传统消费市场需要一个逐渐接受的过程,加上全国养殖产量迅猛增加,其市场销售价格出现大幅下降,且各地差异较大,如2002年广东市场销售价约为21元/千克,同期上海为50元/千克,北京为56元/千克。经过近几年的发展,鲟鱼鲜活产品的市场销售价格正逐渐趋于理性,已相对稳定,苗种供应成为影响市场价格的主要因素。如2006年春季,因出现全国性苗种短缺,当年鲜活鲟鱼平均批发价上升至约50元/千克,随着2006年底至2007年春苗种供应量的增加,2007年上半年的批发价

又下降至40元/千克左右，近几年国内鲜活鲟鱼平均批发价则基本稳定在40~50元/千克。

国际市场的鲟类产品主要包括鱼子酱、冰鲜鲟鱼片（块）以及少量的熏制品，其中鱼子酱在国际市场尤其走俏，价格高，而且供不应求。据世界鲟鱼协会统计，每年全球对鲟鱼鱼子酱的市场需求量为1 000~2 000吨，而目前全球鲟鱼鱼子酱的产量仅有约300吨。因此，多数国外从事鲟鱼商业养殖的企业，养殖鲟鱼都以鱼子酱的生产为主要目的，同时进行鲟鱼肉制品的销售，与我国目前主要消费鲜活鲟鱼产品的形式有较大差异。

鲟鱼个体大，无硬骨和肌间刺，出肉率高，肉质好，非常适合深度加工成鱼片、鱼块等方便食品。这样不仅可充分发挥成体鲟鱼生长速度快、个体大、成活率高的优势，大幅降低养殖成本和销售成本，而且可扩展鲟鱼消费产品形式，开拓更多的市场，如西欧及美国消费者就习惯消费熏烤鲟鱼制品，而且售价较高。

目前，国内外对鲟鱼加工产品的开发都处于起步阶段，国外的鲟鱼加工产品相对要多一些。如美国、意大利、法国等国家已建立了较完整的鲟鱼冷冻食品和鱼子酱加工技术，也有相应的产品标准（一般均以所在国相关食品质量标准为标准）。我国除鲟鱼鱼子酱加工技术较为成熟、能够生产初级产品外，也有少数企业在研发鲟鱼加工制品，如鲟鱼罐头、鲟鱼软骨胶囊、鲟鱼蛋白口服液等，但目前还主要限于加工、提取工艺技术研发，仅有少量研发性产品出现，离产业化开发尚有较大差距。随着鲟鱼产量的提高和各种加工工艺技术体系的逐渐完善，人们对鲟鱼产品的利用效率和形式都将发生巨大变化，必然进一步促进鲟鱼养殖业的发展，鲟鱼作为优势水产养殖业发展对象，具有广阔的发展空间。

第二节 我国主要养殖鲟鱼品种

一、达氏鳇

达氏鳇（*Huso dauricus*）隶属于鲟形目，鲟科，鳇属，别名鳇鱼、黑龙江鳇，也称达乌尔鳇，英文名为Kaluga sturgeon。

达氏鳇是鳇属两种鱼类之一种，另一种为欧洲鳇。达氏鳇体长，呈圆锥形，头尖、口大、无鳞，全身被5列骨板，口位于头的腹面，似半月形，口前、吻的腹面有触须2对，中间的1对向前。吻呈三角形，比较尖。背骨板11~16枚，第一背骨板最大，位于身体最高处，有背鳍后骨板。侧骨板32~46枚，腹骨板7~13枚。背鳍条数26~35，臀鳍条数43~57，鳃耙数16~23。背部呈绿色或褐黄色，体两侧淡黄，腹灰白色。与鲟鱼不同，达氏鳇的左右鳃膜相互连接，是鳇和鲟鱼的分类依据之一（彩图3）。

达氏鳇为淡水鱼类，主要分布在黑龙江及其较大支流和相连湖泊，尤其以黑龙江中游为最多；其次是分布于乌苏里江和松花江下游等水域，嫩江下游也偶有发现。幼鱼在夏季也进入鄂霍次克海、鞑靼海峡北部水域及自日本海至北海道北部的水域中生活。达氏鳇为底层鱼类，喜分散活动，成体多在深水区，幼体在河道浅水区及其附属湖泊育肥、生长，平时栖息在大江的夹心子、江岔等水流缓慢、砂砾底质的地方。

达氏鳇可分为黑龙江河口种群、下游种群、中游种群和上游种群。河口种群又包括淡水和半咸水两种生态型，其中淡水型占75%~80%，该生态型种类在河口淡水水域摄食。半咸水型种类在河口淡水区域越冬，6月中、下旬至7月初洄游至河口半咸水水域以及鞑靼海峡、库页岛西南部水域摄食（盐度一般为12~16），秋季河口盐度上升时又迁移至淡化水域越冬。河口种群大部分溯河50~150千米产卵，部分个体会溯河500千米产卵，极少数个体甚至会上溯至中游的哈巴罗夫斯克（Khaborovsk）产卵。河口种群亲鱼的产卵洄游习性不完全一致，有冬季型和春季型两种类型。其中大部分亲鱼在每年秋季和冬初就开始产卵洄游，在河流中越冬后于次年产卵（冬季型），少部分亲鱼（5%左右）则是当年春季才开始产卵洄游，到达产卵场后即产卵（春季型）。下游种群的产卵场和产卵时间与河口种群相同，只是其分布和摄食的区域主要在黑龙江下游江段。中游种群在黑龙江中游下段至下游上段水域栖息，5月份至6月中、上旬洄游到中游下段俄罗斯与中国边界的水域产卵，在松花江、乌苏里江也可能存在一些小产卵场。上

游种群是栖息在黑龙江中游上段以上及泽亚（Zeya）河、Shika 河下游的群体，一般 5 月中、下旬至 6 月份产卵，产卵场分布在黑龙江上游江段。

达氏鳇为大型肉食性鱼类，性情凶猛，有同类相残现象。幼体主要摄食底栖无脊椎动物、甲壳类及小鱼、小虾、昆虫幼体等。3～4 龄的个体开始捕食各种成鱼，冬季和产卵繁殖期一般不摄食。

达氏鳇属于鲟形目个体最大的几个种类之一，最大个体体长可达 560 厘米、体重达 1 100 千克。常见个体的体长和体重一般在 250 厘米以内、100 千克以下。

达氏鳇性成熟年龄较晚，天然水域的雄性成熟年龄一般为 14～21 龄，成熟间期为 3～4 年；雌性为 17～23 龄，产卵间期为 4～5 年。16～30 龄的雌性个体怀卵量为 18.6 万～203.2 万粒，平均为 81.9 万粒。卵径为 3.5～4.5 毫米，产卵水温为 12～14℃。

20 世纪 60 年代早期，我国人工繁殖达氏鳇就已获得成功，但基本没有规模化养殖。20 世纪 80 年代末期开始，为满足自然资源增殖放流需要，达氏鳇苗种的规模化生产受到重视。近 10 年来，国际市场上鳇鱼鱼子酱作为鱼子酱中的珍品，其价值凸显，使达氏鳇的养殖规模逐年扩大。

二、欧洲鳇

欧洲鳇（*Huso huso*）隶属于鲟形目、鲟科、鳇属，又称黑海鳇、欧鳇，英文名为 Beluga，European sturgeon，Great sturgeon 等。

欧洲鳇个体巨大，体呈纺锤形，向尾部延伸渐细。尾为歪型尾，上叶长，下叶短。外形与达氏鳇相似。口大，突出，呈半月形。口位于头部的腹面，下唇居中而断。吻柔软，突短而尖，呈锥形，为软骨。吻须 4 根，较长，侧扁状，其上附生有叶状纤毛。左右鳃膜相连，与鲟鱼不同。鳃耙数为 17～36，体上表皮柔软。体被 5 行骨板。背骨板 9～17 枚，为卵圆形，纵裂似一锯齿梳状，第一个背骨板最小；侧骨板 37～53 枚，光滑；腹骨板 7～14 枚，埋于皮下。骨板行间在体表分布有大量的小骨板和细粒，骨板行在尾部不相连。背鳍不分支，鳍条 48～81；臀鳍不分支，鳍条

22～41。尾柄为非侧扁形。吻为黄色，背部和体侧呈青灰色，有时为黑色。体两侧向下渐转为白色，腹部为白色。体高为全长的9%～22%，头长为全长的23%，吻长为全长的7.0%～12.5%（彩图4）。

欧洲鳇分布于里海、黑海、亚速海和亚得里亚海水系以及地中海东部水域，具有溯河产卵习性。在里海水域主要分布在伏尔加河、乌拉尔河及其支流；在黑海水域主要分布在东海岸河流的河口地区，如多瑙河、第聂伯河和德聂斯特河；在亚速海，主要分布在顿河；此外，还在库拉河、捷克列河和库班河等水域分布。

欧洲鳇开始溯河洄游的时间一般比鲟科鱼类要早，有春季洄游型和秋季洄游型两种类型。春季洄游型种群一般在溯河当年产卵，秋季洄游型一般在河流中越冬，翌年产卵。

欧洲鳇的溯河产卵洄游习性与分布水域有很大关系。在多瑙河，几乎全年可见到欧洲鳇溯河洄游，但在春季和秋、冬季节各有一个洄游高峰，春季洄游型种群在1—4月份、水温为4～5℃时开始溯河洄游，当年产卵。秋季洄游型种群一般8月份开始溯河，10—11月份达到高峰，翌年产卵，秋季洄游型种群占多数。在里海，春季洄游型种群一般3—4月份溯河，秋季洄游型种群在9—10月份溯河。伏尔加河的欧洲鳇则以秋季洄游型种群占优势；在乌拉尔河，春季洄游型种群占70%左右。欧洲鳇洄游的距离因河流而异，一般在940～1 810千米之间。

欧洲鳇的食性与达氏鳇相似，均为大型肉食性鱼类。其幼鱼以软体动物、甲壳类等无脊椎动物为主要食物，有些水域的个体体长在2～3厘米时就开始摄食鲟鱼等鱼类的幼体，体长为9厘米后以摄食鱼类为主。欧洲鳇成鱼是典型的凶猛肉食性鱼类，以鱼类为主要食物，种类达30多种，既有中、上层鱼类，也有底栖鱼类。在最大个体的成体胃中，甚至可以发现有里海海豹的幼仔。欧洲鳇在生殖洄游期间一般不摄食。

欧洲鳇生长速度非常快，在里海，1龄鱼平均全长达51厘米，平均体重达571克；在黑海西北部和亚速海，1龄鱼平均全长为40厘米、体重为250～500克，在随后的年份中，黑海和亚速海个体

的生长速度逐渐超过了里海。在黑海中的雌鱼，3龄鱼全长达106厘米、体重达6.2千克；5龄鱼全长达121厘米、体重达9.6千克；10龄鱼全长达163厘米、体重达25.9千克。在库拉尔河，当年个体重达0.5千克；6~10夏龄达27千克；16~20夏龄达52千克；31~75夏龄达114~263千克。个体最长达6米，个体最重达1.5吨，寿命最长达100龄以上。

欧洲鳇性成熟较晚。在里海，雌性性成熟个体的年龄为14~28龄，雄性为11~16龄。雌性性成熟个体的体长为230~270厘米，雄性为180~220厘米；雌性性成熟个体的体重为90~120千克，雄性为60~90千克。在伏尔加河，雌性初次性成熟年龄为16龄，多在19~22龄，雄性为11龄，多在14~16龄。在库拉尔河，雌性性成熟的年龄为18~30龄，雄性性成熟的年龄为16~25龄。在顿河，雌性性成熟的年龄为16~17龄，雄性为12~14龄。自然种群的雌、雄性比一般为1:1。

欧洲鳇怀卵量较大，性腺成熟系数在3.9%~17.7%之间变动，一般个体绝对怀卵量为50万~80万粒，最高可达280多万粒。在伏尔加河为22.5万~285.0万粒，平均为85.5万粒；在咸海为34万~220万粒，平均为73.8万粒。在库拉尔河为33万~280万粒。全长250~259厘米的库拉尔河欧洲鳇雌体，平均产卵量为68.56万粒，而同样大小个体的伏尔加河欧洲鳇雌体的产卵量为83.66万粒，库拉尔河欧洲鳇的产卵量比伏尔加河少22.02%。欧洲鳇成熟卵的直径为3.33~3.84毫米，卵重平均为29.5毫克/粒。

欧洲鳇在春季汛期产卵，伏尔加河、乌拉尔河欧洲鳇产卵期一般在5—6月份，库拉尔河、多瑙河产卵高峰期则在4—5月份。欧洲鳇产卵水温较低，水温为6~7℃时就可开始产卵，水温在21℃以上时，停止产卵，适宜的产卵水温为9~17℃。欧洲鳇卵具黏性，一般黏附在河床底的砂砾、石头上孵化。水温为10.4~12.5℃时，孵化时间约为200小时，孵出时仔鱼全长为10.8~12.3毫米，出膜17~24天（水温为16~17℃时约为9天）后仔鱼开始转为向外部索饵。

欧洲鳇以前属世界鲟鱼自然捕捞主要组成种类之一，但近20年来，各自然水域欧洲鳇种群均严重下降，处于极度濒危状态。苏联从20世纪60年代就开始进行欧洲鳇人工繁殖，起初主要进行增殖放流，1985年开始进行养殖，目前主要在俄罗斯、伊朗有一些养殖规模，一些欧洲国家也有少量养殖。我国引进欧洲鳇时间较晚，目前仅有少量养殖种群。

欧洲鳇生长快，肉质好，其卵制成的鱼子酱尤其名贵，属于鲟鱼鱼子酱中的高档品，贸易价格尤其高。欧洲鳇还可与小体鲟、俄罗斯鲟、闪光鲟等杂交，其中欧洲鳇与小体鲟的杂交品种生长速度快，并且可育，已在一些欧洲国家形成一定的养殖规模。

三、匙吻鲟

匙吻鲟（*Polyodon spathula*）俗称鸭嘴鲟，隶属于鲟形目、白鲟科、匙吻鲟属，原产于美国密西西比河流域，是美国特有的一种大型淡水经济鱼类，体重可达80千克，在我国属引进种。匙吻鲟与我国长江流域出产的白鲟同属白鲟科（但分属匙吻鲟属和白鲟属），是白鲟科仅有的两个种之一。

匙吻鲟体表裸露，泽润无鳞，在头部前方、口的上端有一个长而扁平呈桨状的长吻，形如鸭嘴又像汤匙，吻长度约为体长度的1/3。躯干呈流线型，尾部侧扁，眼甚小，口在吻下，不能伸缩。胸鳍较小，下位，腹鳍腹位，背鳍起点在腹鳍之后，尾鳍歪形、分叉，不对称，上叶长，下叶短。前额高于口部，鳃盖布满梅花状的花纹，鳃耙密而细，鳃盖骨向后延伸到腹鳍。体色为背部灰褐色，两侧渐浅，其中常有一些斑点，腹部灰白色，诸鳍为灰黑色（彩图5）。

匙吻鲟原分布于美国密苏里河、密西西比河流域，后逐渐被引入美国的一些水库和湖泊中。匙吻鲟性情温顺，易捕捞。在河流中喜生活在水流较为缓慢、饵料生物相对丰富的区域，在湖泊、水库等水域则喜栖息于水体中、上层，对水位、流量、水体浊度、饵料生物的变化等较敏感。匙吻鲟是鲟鱼类中对温度适应范围相对较广的种类，既能在结冰的水下生活，也能在水温32℃的条件

下生存。

匙吻鲟是一种滤食性鱼类,食性与我国的常规养殖品种鳙鱼类似,主要滤食水体中的浮游生物,枝角类、水蚤等是其最喜好的食物,偶尔也吃摇蚊幼虫等食物。匙吻鲟幼鱼主要选择摄食枝角类,但在鳃耙发育完善前,其摄食方式主要是吞食。直到全长达12~13厘米,幼鱼的鳃耙才起滤食作用。全长12厘米以前的匙吻鲟采取逐个吞食浮游生物的摄食方式,也吞食小鱼小虾;全长超过12厘米,鳃耙发育完善后则转为滤食方式摄食。人工养殖时,经过驯化也可摄食浮性膨化颗粒饲料。

匙吻鲟的个体较大,生长较快,最长寿命在30年以上。自然种群状态下,当年可长至0.5千克以上,2龄鱼超过1.5千克,3龄鱼超过2.5千克。养殖条件下,在湖北地区一般当年鱼苗到年底,全长可达50~60厘米,体重达0.7~1.0千克,2龄鱼全长可达67~80厘米,体重达2~3千克,3龄鱼可达5千克以上。

匙吻鲟性成熟较迟。一般雄鱼比雌鱼早熟,有的雄鱼4龄时可成熟,大部分为6~9龄,成熟后每年都可排精;部分雌鱼在6~7龄或8龄时成熟,但50%的雌鱼要在10龄时才成熟,到12龄时,所有的雌鱼都能成熟,成熟后大约间隔3~4年才产一次卵。成熟的卵巢可占体重的15%~25%,体重为11.4~25.0千克的雌鱼,卵巢一般为2.7~3.6千克,且怀卵量大,相对怀卵量为1.5万~2.0万粒/千克体重。

在原产地,匙吻鲟的产卵季节在3月底至6月初,为间歇式产卵类型。匙吻鲟产卵除与性腺发育程度有关外,还与环境条件如适宜的水温、涨水和砾石基质等关系密切。一般水温达到10℃左右时,亲鱼开始上溯;水温上升,溯河速度加快,水温接近15.6℃时,如涨水幅度和河道底质满足要求,亲鱼就会产卵繁殖。匙吻鲟产卵的适宜流量,奥塞奇河为340米^3/秒,密西西比河为680米^3/秒。匙吻鲟产卵期间对水位的变化非常敏感,水位上升时则上溯产卵,水位下降则下淌。

匙吻鲟的成熟卵子呈灰黑色,直径为2.0~2.5毫米。受精卵具黏性,并黏附在砾石或在遇到的其他物体上孵化。水温为16~

18℃时，从卵子受精到鱼苗孵出大约需200小时。刚孵出的仔鱼无吻，体长约为8~9毫米，一般5~9天后开口摄食。

匙吻鲟是开展人工养殖较早的鲟类。1963年，美国匙吻鲟人工繁殖成功，20世纪70年代初期以后，美国开始将人工繁殖的匙吻鲟苗种向一些河流、水库及湖泊中投放，以弥补自然繁殖的不足。1974—1977年，苏联从美国引进了匙吻鲟鱼苗33万尾，开始进行较大规模的养殖。我国于1988年由湖北省水产局从美国引进3 000尾鱼苗，在仙桃市水产研究所首次试养成功，使其成为我国最早进行商业化养殖开发的鲟鱼种类。此后，我国相关单位又多次从美国引进受精卵和鱼苗，并逐渐推广到全国十多个省市。

匙吻鲟生长迅速，肉质细嫩鲜美，蛋白质含量高达18.1%，吻部富含胶原蛋白，营养丰富，是宴席佳肴；其皮、体器官同样可作为制革及医药、保健品原料。虽然匙吻鲟卵制作的鱼子酱在鲟鱼鱼子酱中属于低档产品，但市场价格仍较其他鱼类的鱼子酱高数倍。同时，体长为10~15厘米的匙吻鲟幼鲟吻似鸭嘴，鳃如"象耳"，全身晶润，泳态特异，深受观赏鱼市场鱼迷们的喜爱。

匙吻鲟是鲟形目中对水域环境要求较低的种类，其性情温驯、易于捕捞，适温范围相对较广，在0~37℃的水体中均能生存，对养殖水体溶解氧要求也较其他鲟类低，一般溶氧量在3毫克/升以上可存活。而且匙吻鲟科自行摄食浮游动物，具有食物链短、生长迅速等特点，适于在我国面积广阔的池塘中套养或主养。

四、西伯利亚鲟

西伯利亚鲟（*Acipenser baeri*）隶属于鲟形目、鲟科、鲟属，又叫贝氏鲟，英文名为Siberian sturgeon，是一种主要分布于西伯利亚地区的淡水鲟类，在鲟形目中分布最广，为《濒危野生动植物种国际贸易公约》附录Ⅱ保护物种。

西伯利亚鲟体呈长纺锤形，向尾部延伸变细，外形和生物学特性与小体鲟极相似。体被5行骨板，在骨板与骨板行间分布着许多小骨板和微小的颗粒。体全长为头长的3.7~6.1倍，为体高的6.0~11.1倍。吻长不足头长的70%。口前有4根圆柱形的吻须，

头部有喷水孔。口裂小，裂长不超过头侧，下唇中央中断，鳃盖膜不相连。背骨板10～20枚；侧骨板32～62枚，一般多为42～47枚；腹骨板7～16枚。第一背骨板不是最大的骨板，身体最高点也不在第一背骨板处，无背鳍后骨板和臀后骨板；幼鲟时，骨板较尖利；成鲟时，则因骨板磨损而成钝状。背鳍条不分支，鳍条数为30～50条；臀鳍不分支，鳍条数为17～33条。鳃耙有几个结节（彩图6）。

西伯利亚鲟分布在俄罗斯从西部的鄂毕河至东部的科雷马河之间的西伯利亚地区流入北冰洋的各河流中，在叶尼塞河、勒拿河、英迪吉尔卡河、亚纳河、哈坦加河水系也均可见到。贝加尔（Baikal）湖也有西伯利亚鲟分布，为陆封种群。20世纪50年代中期，西伯利亚鲟陆续被移入波罗的海、伏尔加河及拉多加湖等水域，并在这些水域形成小型自然种群。另外，在我国新疆及哈萨克斯坦也有少量分布的报道。也有人根据不同分布区域，将西伯利亚鲟分为3个亚种，分别是分布于鄂毕河及其主要支流的 *Acipenser baeri baeri*、贝加尔（Baikal）湖的 *Acipenser baeri baicalensis* 和分布于其他各河流的 *Acipenser baeri stenorrhynchus*。

西伯利亚鲟主要生活在河流的中、下游，可进入北冰洋海湾的半咸水水域，但很少进入海水水域，耐低温，适应性强。主要有3种生态类型，即半洄游型、河居型和湖河型。半洄游型在海湾、河口或河口三角洲度过生命的大部分时间，性成熟后则沿河上溯至产卵场繁殖，洄游距离可达160～300千米，洄游期间在河道深处越冬，主要产卵场在鄂毕河和叶尼塞河的中、上游江段。河居型常见于勒拿河、亚纳河和英迪吉尔卡河、科雷马河的种群，平时栖息在河流中、上游河汊处，繁殖季节则上溯产卵；湖河型主要是分布在贝加尔湖的种群，平时栖息在湖泊中，繁殖季节则洄游到通湖河流中产卵。

西伯利亚鲟主要摄食底栖动物，摇蚊幼虫是其喜食的食物，也摄食软体动物、蠕虫、甲壳类、小鱼等，有时还摄食有机碎屑和沉渣。在鄂毕河，西伯利亚鲟的食物有毛翅目、蜉蝣和花鲈等。在叶尼塞河三角洲地带，西伯利亚鲟主要摄食寡毛类和端足类。

在叶尼塞湾，主要摄食盖鳃水虱科的 *Mesidothea*、端足类和软体动物。

西伯利亚鲟生长较慢，在不同地区、不同水温和水质环境条件下，生长速度也不相同。生长最快的是鄂毕河和贝加尔湖的种群，一般生长速度由西向东逐渐下降。如鄂毕河的2龄、5龄、10龄、15龄和20龄个体的全长（体重）分别为40.5厘米（0.26千克）、60.8厘米（1.07千克）、97.8厘米（5.39千克）、112.3厘米（8.2千克）和116.5厘米（8.95千克）；而勒拿河相应年龄个体的全长（体重）分别为37.2厘米（0.12千克）、48.4厘米（0.4千克）、68.5厘米（1.42千克）、83.8厘米（2.72千克）和98.3厘米（4.40千克）。贝加尔湖1龄个体，全长为22.7厘米、体重为40克；2龄全长为39.7厘米、体重为230克；3龄全长为50.4厘米、体重为575克；5龄全长为57.3厘米、体重为730克。

移入欧洲水域的西伯利亚鲟个体生长加快。如1964年，贝加尔湖的西伯利亚鲟幼鲟移入波罗的海后，第二年年底全长可达46~50厘米、体重达415~500克，第三年全长达60厘米、体重达1 690克。贝加尔湖的西伯利亚鲟幼鲟移植到拉多加湖后，第二年秋季个体重为200~350克。

西伯利亚鲟是鲟鱼类中个体较小的种类，体重一般为20~25千克，最大个体全长达300厘米，体重达200千克，而分布在东部地区的个体明显较西部的小，一般很少超过10~16千克。

自然水域的西伯利亚鲟性成熟较晚，初次性成熟年龄雌性为19~20龄，多为25~30龄；雄性为17~18龄，多为20~24龄，其性成熟时间与分布区域有关。如鄂毕河的西伯利亚鲟雄鱼性成熟年龄为11~13龄，雌鱼为17~18龄；叶尼塞河种群则稍晚，雄鱼为13~14龄，雌鱼为17~18龄。西伯利亚鲟的繁殖间期，雌鲟一般为3~5年，雄鲟一般为2~3年。在人工养殖等温水条件下，西伯利亚鲟性腺发育成熟的年龄，雌鱼可提早到6~7龄，繁殖周期也可缩短为1.5~2.0年，雄鱼则在3~4龄就可成熟，以后每年都可繁殖。

西伯利亚鲟的成熟系数雌鲟为8.9%~50.0%，有些个体甚至超过50%，雄鲟为3.9%~9.1%。不同水域雌鲟绝对怀卵量差异较大，如勒拿河种群为1.65万~14.40万粒，鄂毕河种群为7.4万~42.0万粒，叶尼塞河种群为7.9万~25.0万粒，而贝加尔湖种群达到21.1万~83.2万粒。

西伯利亚鲟成熟卵呈浅褐色、灰色或深黑色，卵直径为2.32~2.92毫米。产卵时间为每年的5月下旬至6月中旬，西部较东部早。水温为9~18℃均可产卵，产卵最适水温为11~16℃。在欧洲，养殖的西伯利亚鲟1—4月份就可进行人工繁殖。自然环境下，西伯利亚鲟一般选择水流较急（1.4米³/秒）、沙砾底质的主河道河床产卵。产卵洄游及产卵期间，西伯利亚鲟一般不停食。产后雌鱼一般立即顺流而下，雄鱼则会在产卵场停留一段时间。

在水温为15℃左右时，西伯利亚鲟受精卵经过约10天孵化可出膜，刚出膜的仔鱼平均体长为10.5毫米，体重为13.9毫克。水温为17~18℃条件下，仔鱼出膜后第四至第五天，其体长可达到约22毫米，并开始摄食外源性食物。

西伯利亚鲟是一种重要的经济鲟类，其最高年捕捞产量曾超过1 700吨，随着自然资源遭到破坏，20世纪70年代，人们开始西伯利亚鲟的商业化养殖，俄罗斯、法国、德国、意大利、奥地利、日本等国都有养殖，目前已成为世界主要的养殖鲟鱼品种之一。养殖设施主要是池塘和水泥池，但以工厂化温水养殖效果最好。我国于20世纪90年代末期引进该种进行养殖，目前推广速度较快，我国除采用工厂化养殖西伯利亚鲟外，更多的是采用水库网箱养殖，池塘养殖方式则较少。

五、小体鲟

小体鲟（Acipenser ruthenus）是一种广泛分布于欧洲地区的淡水鲟类，隶属于鲟形目、鲟科、鲟属，为《濒危野生动植物种国际贸易公约》附录Ⅱ保护物种，英文名为Sterlet。

小体鲟的身体延长，体被5行骨板，背骨板一行，11~18枚；侧骨板2行，56~71枚；腹骨板2行，10~20枚，无背鳍后骨板和臀鳍后骨板，侧骨板比躯干部颜色浅，体表各骨板间有大量小骨板分布；吻端锥形，吻长占头长的比例不足70%；吻须圆形，有纤毛，4根呈一字形排列并与口平行；口小，呈水平位开口朝下，口伸出时呈管状；下唇中部裂开，头部有喷水孔。背鳍位于体后部，接近尾鳍，歪型尾；背鳍32~49条，臀鳍16~34条，腹鳍25~45条，鳃耙无结节，鳃耙数11~27。背部常呈深灰褐色或黑色，腹部多呈黄白色（彩图7）。

小体鲟主要分布于里海、黑海、亚速海、波罗的海、白海、巴伦支海等海域相连的河流中，如伏尔加河、乌拉尔河、库拉河和鄂毕河等河流的干、支流，少量栖息在湖泊、水库中。

小体鲟是一种淡水鲟类，偏定栖型，通常不作长距离洄游，仅产卵时作一段距离的洄游。春季汛期来临时，小体鲟开始上溯产卵，汛期水量越大则溯河洄游的距离越远，参加洄游的个体也越多，一般经过4~5周可到达产卵场。产后亲鱼渐次降河至港湾、河汊、河道等饵料丰富的水域觅食育肥。

小体鲟偏肉食性，其食物种类包括水生昆虫及幼体、小型软体动物、寡毛类、多毛类、蛭类及其他无脊椎动物，摇蚊幼虫等水生昆虫幼体是其主要食物，在鱼类繁殖期还喜摄食其他鱼类（包括鲟鱼）产出的卵。

小体鲟生长速度一般，不同水系的生长速度也有一定差异。一般认为生长速度较快的多瑙河水系小体鲟，其1龄鱼平均体长为26.1厘米、平均体重142克，2龄鱼体长和体重分别为35厘米、236克，3龄鱼体长和体重分别为40.3厘米、370克，5龄鱼体长和体重分别为52.9厘米、798克，9龄鱼体长和体重分别为66.1厘米、1 806克。目前已知小体鲟的最大年龄为26龄，最长体长为84厘米，最大体重为4.3千克。

小体鲟在鲟鱼中是性成熟较早的种类，其初次性成熟年龄与分布水系有关；雌鲟一般在8龄以下，大多数种群为4~7龄，雄性一般在6龄以下，大多数为3~5龄。如多瑙河水系小体鲟初次性成熟年龄，雌性为4~7龄，体长为40厘米；雄性为3~5龄，体长为28厘米；伏尔加河水系的个体性成熟年龄，雌性为7龄，体长为34厘米；雄性为4龄，体长为38厘米。目前对小体鲟的繁殖

周期还认识不一，有人认为其每年产卵，也有人认为其 2 年或更长时间才产一次卵。

小体鲟个体的绝对怀卵量都相对较小，而且不同河流也有差异，个体怀卵量最小者仅数千粒，最大者则在 10 万粒左右。如多瑙河中游渔获物中，小体鲟怀卵量变动在 0.7 万 ~ 10.8 万粒，伏尔加河中游的小体鲟怀卵量则为 0.42 万 ~ 7.64 万粒。小体鲟成熟卵呈灰黑色，卵直径为 2.01 ~ 2.86 毫米，粒重为 8 ~ 9 毫克。

小体鲟一般多产卵于河床的卵石上，其繁殖季节在春季，多在每年的 4—5 月份产卵繁殖，少数河流种群的产卵时间在 5—7 月份。产卵的适宜水温为 12 ~ 17℃，一般水温超过 20 ~ 21℃ 或水温低于 9.4℃ 时，小体鲟则会停止产卵。产后雌鲟一般立即离开产卵场，而雄鲟不会立即离开。繁殖期间，小体鲟基本不摄食。

伏尔加河水系的小体鲟 6 ~ 10 天体长可达 6 ~ 7 毫米，1 个月左右可达 3 ~ 4 厘米，当年可达 25 厘米。

六、俄罗斯鲟

俄罗斯鲟（*Acipenser gueldenstaeti*）隶属于鲟形目，鲟科，鲟属，也叫俄国鲟、金龙王鲟，原产于苏联，主要分布在里海、亚速海和黑海以及流入这些海域的河流，如库拉河、乌拉尔河、捷列克河、伏尔加河、库班河、顿河、第聂伯河、德涅斯特河和多瑙河，其捕捞产量在全球鲟鱼中居于首位。俄罗斯鲟存在两种生态类群，即江海洄游型和淡水定居型，其中以前者为主要类群，后者则在伏尔加河存在，目前似已绝迹。

俄罗斯鲟的外形呈纺锤形，体延长，体高为全长的 12% ~ 14%，头长为全长的 17% ~ 19%，吻长为全长的 4.0% ~ 6.5%，吻短而钝，略呈圆形。4 根触须位于吻端与口之间，更近吻端。须上无伞形纤毛。口小、横裂、较突出，下唇中央断开，其口宽平均为头长的 30.8%。鳃耙非扇形，鳃耙数 15 ~ 31。体被 5 行骨板，在骨板行之间体表分布许多小骨板常称小星。背骨板 8 ~ 18 枚，侧骨板 24 ~ 50 枚，腹骨板 6 ~ 13 枚。背鳍不分枝，鳍条 27 ~ 51；臀鳍不分枝，鳍条 18 ~ 33。体色背部灰黑色、浅绿色或墨绿色，体侧通常灰褐色，腹部灰色或少量呈柠檬黄色。幼鱼背部呈蓝色，腹部白色（彩图8）。

俄罗斯鲟属肉食性鱼类，其食性根据栖息水域的食物条件表现出一些差异。分布在黑海西北部的俄罗斯鲟主要以底栖软体动物为食物，也摄食虾、蟹等甲壳类及鱼类。在亚速海，其成鱼主食软体动物、多毛纲及鱼类。多瑙河的俄罗斯鲟幼鱼则以糠虾、摇蚊幼虫为食。俄罗斯鲟的摄食强度有明显的季节变化，夏季摄食强度最高，秋季减低，而冬季则几乎不进食。

亚速海的俄罗斯鲟生长速度最快，里海和黑海种群则生长较慢。一般雌鱼生长速度快于雄鱼。黑海中个体全长可达236厘米，体重为115千克，最大个体全长可达300厘米；里海个体全长可达215厘米，体重为65千克，最大个体全长可达235厘米。亚速海中1龄鱼体长为29.4厘米；2龄鱼体长为46.2厘米，体重为2千克；3龄鱼体长为55.6厘米，体重为4千克；4龄鱼体长为61.3厘米，体重为5.5厘米。俄罗斯鲟的生长适宜温度为18~25℃，最适温度为20~24℃。

俄罗斯鲟初次性成熟年龄，雄鱼多在11~13龄，雌鱼多在12~16龄。亚速海俄罗斯鲟较其他种群提早1~2年成熟。不同区域种群的繁殖周期有一些差异，如伏尔加河的俄罗斯鲟雌鱼产卵间期为4~5年，雄鱼为2~3年，多瑙河雌鱼的产卵间期则达到5~6年。

据报道，在伏尔加河，俄罗斯鲟成熟雌鱼的成熟系数平均为14.1%，也有报道在5月份为28.3%，6月份和7月份分别为15.6%和16.3%，9月份为18.4%。俄罗斯鲟的怀卵量变化较大，伏尔加河雌鱼绝对怀卵量为5.0万~116.5万粒，相对怀卵量为每千克体重1.08万~1.20万粒。俄罗斯鲟卵一般为深灰色，卵径约为3.5毫米，卵粒重约为20.6毫克。

俄罗斯鲟有溯河洄游产卵的习性。在里海和黑海流域，俄罗斯鲟一般早春就开始溯河洄游，夏季达到高峰，到秋末才结束。春季洄游型俄罗斯鲟一般在3月末或4月初、水温为1~4℃时进入伏尔加河溯河洄游，5月中旬到6月初水温达到9~12℃时产卵繁殖。部分群体则从夏季（5—6月份）或秋季（8—10月份）进行

洄游,其中夏季洄游群体在江河中滞留 10~11 个月,于次年 4—5 月份、水温达到 8.2~15.0℃时产卵,秋季洄游型群体在江河中滞留 6~9 个月,次年春季与夏季群体几乎同季节产卵。因此,俄罗斯鲟的产卵场分布范围一般较大,春季洄游型群体的洄游距离一般离河口仅数百千米,秋季群体洄游距离则达到近 1 000 千米。有报道认为俄罗斯鲟繁殖季节持续时间较长,在第聂伯河其产卵从 3 月份持续到 11 月份,还有待进一步证实。

水温为 18℃时,俄罗斯鲟受精卵经过约 100 小时的孵化出膜。刚孵出的仔鱼长为 10.5~12.0 毫米,孵出 4~6 天、体长约为 15.5 毫米的仔鱼开始沉底,7~9 天的仔鱼进入外源性营养阶段,10~12 天全长约为 20.5 毫米的仔鱼开始主动摄食浮游生物。

俄罗斯鲟与闪光鲟、欧洲鳇一起构成世界三大经济鲟种,三者捕捞总产量曾占世界鲟鱼总产量的 90%,俄罗斯鲟在其中又占据首位。俄罗斯鲟个体大,生长速度快,抗病力强,可在工厂化、池塘、水库网箱等多种模式下养殖,在自然产量普遍下降的情况下,俄罗斯鲟成为开展人工养殖最早的鲟种之一,1992 年我国大连从俄罗斯引进该种并养殖成功,从此俄罗斯鲟成为我国的一个主要养殖鲟鱼品种。

七、施氏鲟

施氏鲟(*Acipenser schrenckii*)隶属于鲟形目,鲟科,鲟属,俗称七粒浮子,以前也称其为史氏鲟,英文名为 Amur sturgeon,属世界自然保护联盟(1996)濒危级(EN),被列入《濒危野生植物种国际贸易公约》(1997)附录Ⅱ中。

施氏鲟具有个体大、寿命长、幼鱼成活率高、生长速度快等特点,集观赏、美食于一体,可在鱼池及其他人工水环境中正常摄食生长。其最大个体可达 100 千克以上。

其体呈长梭形,头尾部尖细。头部呈三角形,顶部较平。吻尖,平扁。口小,下位,横裂,口唇具花瓣状皱褶。吻腹面口前方有横列的须 2 对,等长,须基部前方若干疣状突,多数为 7 粒,故称之为七粒浮子。体被 5 行纵列菱形骨板状硬鳞,各硬鳞上均具锐棘,幼鱼尤其明显，鳞间皮肤粗糙。背鳍后位；胸鳍位近腹面，第一不分枝鳍条长，略硬；臀鳍位于背鳍基部之后；尾鳍歪形。其身体头部及背侧灰褐色或黑褐色，幼鱼为黑色或浅灰色，腹面白色（彩图9）。

施氏鲟原分布在黑龙江流域，在黑龙江、乌苏里江、松花江等水域均有分布，在黑龙江的分布则从上游至俄罗斯境内的黑龙江河口均有，但主要分布在黑龙江中、下游。黑龙江的施氏鲟有褐色和灰色2种生态类型，褐色型比灰色型生长慢，12龄的雌性个体长96～117厘米，尾重为3.5～5.6千克，主要出现于黑龙江的中、下游，资源量和产量都较低。灰色型的12龄雌性个体长为125～142厘米，尾重为8.3～16.4千克，多栖息于黑龙江的河口半咸水水域。

施氏鲟是一种典型的江河鱼类，不作远距离洄游。属于中、下层鱼类，几乎所有时间都在活动。日常所见的多为单独个体，很少群集。平时多栖息于大江之江心、江套以及旋流里，更喜水色透明、底质为石块、砂砾的水域。平时行动迟缓，喜贴江底游动，很少进入浅水区和湖泊；而当江中春季涨水及风浪大时游动甚为活跃。冬季在大江深处越冬，解冻时游往产卵场所。

施氏鲟为肉食性鱼类，其消化系统中，既有硬骨鱼类的幽门盲囊，又有软骨鱼类的瓣肠，因此具有很高的消化吸收功能。幼鱼的食物以底栖生物、水蚯蚓和水生昆虫为主；成鱼除摄食底栖动物、水生昆虫外，还食小型鱼类，甚至捕食水蛙。性成熟的个体在产卵期摄食强度很低，甚至停食。

施氏鲟的摄食强度与水温密切相关，水温在8～12℃时开始摄食，但食量少，生长缓慢，随着水温的升高，食欲逐渐增加，尤以18～25℃时的摄食量最大，26℃后摄食量又逐渐减少。在饲养情况下，经过驯化，可摄食人工配合饲料。

在自然生长状态下，1龄和2龄施氏鲟的平均全长分别为27.3厘米和38.7厘米。有资料报道，昭兴与抚远之间江段的施氏鲟个体，6龄时全长约为90厘米，7～8龄时全长为90～108厘米，13～14龄时全长为115～149厘米，25～26龄时全长为136～200厘米，37～45龄时全长为192～241厘米。1979年曾统计136尾施

氏鲟的平均长度为154厘米，平均体重为22.5千克，其中最大个体长244厘米。施氏鲟的寿命比较长，曾有人鉴定1尾长为230厘米，重为102千克的个体，其年龄大约为45龄。

天然施氏鲟性成熟时间较晚，性成熟个体一般长在100厘米以上，体重达到6千克，年龄在9龄以上；雌鱼较雄鱼成熟稍晚。在黑龙江中游，雄鲟的初次性成熟年龄为7~8年（长为103厘米、重为4千克），雌鲟为9~10年（长为105厘米、重为6.0千克）。黑龙江下游成熟个体多在10~14龄，体长为105~125厘米，尾重为6.0~18.5千克，产卵间期4年以上。人工养殖的施氏鲟较天然的性成熟早，一般6~7龄就可繁殖，经过强化培育可实现隔年产卵。

施氏鲟雌性个体的怀卵量在4.1万~105.7万粒（8~45龄）之间，平均为28.6万粒；相对怀卵量为0.46万~1.73万粒，平均为1.19万粒。施氏鲟卵黑色，具黏性，卵径为3.15~3.37毫米。其繁殖季节为每年5—7月份，当水温达15℃时，就开始产卵活动。一般认为黑龙江下游的群体产卵时间相对较早，但延续时间较短。施氏鲟习惯在具小石砾底质环境的江河干流产卵，经常与达氏鳇共用产卵场。水温为17~19℃时，施氏鲟受精卵经95~104小时孵化出膜，刚孵出的苗鱼体长为1.1~1.3厘米，大约7天后开始主动摄食。

俄罗斯较早就获得驯养繁殖施氏鲟的成功，并进行养殖。我国虽然早在20世纪60年代就能人工繁殖施氏鲟（彩图10），但较少进行规模化养殖；80年代开始施氏鲟苗种规模化培育生产用于增殖放流，积累了较丰富的幼鲟培育经验；直到90年代中期，才逐渐开始进行商业化养殖。尤其是中国水产科学研究院长江水产研究所等单位将其引入湖北、广东等南方地区进行养殖后，我国的施氏鲟商业化养殖进入高潮。

八、中华鲟

中华鲟（*Acipenser sinensis*）隶属于鲟形目、鲟科、鲟属，俗称鳇鱼、鲟鱼、腊子、鳇鲟、黄鲟及鲟鲨、鳣（《尔雅》）、鳣鲔

(《诗经》)、覃龙、大癞子、着甲等，英文名为 Chinese sturgeon。

中华鲟分布较广，在我国渤海的大连、旅顺、辽东湾、辽河、中朝界河鸭绿江、山东石岛、黄河、长江、钱塘江、宁波、瓯江、闽江、台湾及珠江水系等都曾有分布记录，在长江可达金沙江下游，在珠江水系可上溯西江三水、封开，北江达乳源，甚至达广西浔江、郁江、柳江，在海南省沿岸亦产，国外见于朝鲜汉江口及丽江和日本九州西侧。目前中华鲟主要分布在我国长江干、支流及附属水域以及东海、黄海、渤海近海水域，珠江、闽江等水域已极少见到。受过度捕捞、水工建筑、环境污染等因素影响，其自然种群数量已严重衰退，国家将其列为一级野生保护动物，同时被列入《濒危野生动植物种国际贸易公约》（1997）附录Ⅱ中，严禁对自然资源内野生动物的捕捉和利用。

中华鲟体呈长梭形，前端略粗，躯干部横切面呈五边形，向后渐细，腹部较平。其头部呈三角形，略为扁平，侧面观呈楔形、背面有许多硬骨块。幼体吻较尖，高龄个体吻较钝圆。头部腹面及侧面有许多小孔，排列成梅花状，称为陷器或罗伦氏器，为鱼类特有的一种感觉器官。鳃孔位于头两侧，有喷水孔1对，位于鳃盖前上方。皮须2对，位于吻之腹面。眼1对，小而成椭圆形，无眼睑及瞬膜。口腹位横裂，上下颌具乳突，口角和下颌两侧有唇褶。鳃盖位于头之两侧，由骨质鳃盖骨支持，后缘具鳃盖膜，左右鳃盖膜与峡部相连（彩图11）。

中华鲟躯干部具5行骨板，背中线1行，左右体侧各一行，左右腹侧各一行。尾部具4行骨板，背中线及腹中线各1行，左右体侧各1行。胸鳍、腹鳍各1对；在腹鳍后缘腹中线可见两孔，前者为肛门，后者为尿殖孔。较小的个体，可见尿殖孔后缘皮肤略为凹陷。背鳍1个，近尾部；臀鳍前基位于尿殖孔之后方，与背鳍上下相对应。尾鳍分上叶和下叶，上叶大，由两侧紧密排列的棘状菱形硬鳞支持；下叶小，由鳍条支持。各鳍呈灰色而有浅边。体色在侧骨板以上为青灰、灰褐或灰黄色；侧骨板以下逐步由浅灰过渡到黄白色；腹部为乳白色。骨板数：背骨板1行10~16块；侧骨板左右1行均为26~42块；腹骨板左右各1行均为8~16块。

鳍条数：背鳍条50～68；胸鳍条48～54；腹鳍条32～42；臀鳍条26～40。鳃耙数14～25（彩图11）。

中华鲟是一种典型的江海洄游性鱼类，其分布较为广泛。据调查，葛洲坝水利枢纽兴建前，长江干流从金沙江下游到河口都有中华鲟分布，而其幼鱼则仅分布于长江下游至河口区，未成熟个体即下海肥育。历史上，中华鲟的捕捞产量以四川、湖北和江西为多。葛洲坝截流后，由于其洄游通道被阻隔，中华鲟的繁殖群体在坝下宜昌江段群集，是目前开展中华鲟科研工作特许捕捞的主要地区。中华鲟在海洋的分布，则以位于东海的长江口渔场和舟山渔场为多。闽江及闽江口、珠江及珠江口也曾有捕捞中华鲟的记录。

在中华鲟的生命周期中，具有多次的江海洄游历程，其生活史大致为：从海洋溯河而上的亲鱼，在长江完成繁殖行为后，产后亲鱼一般即迅速离开产卵场而向下游及河口漂移，并在下游及河口区肥育和栖息。亲鱼所产受精卵在产卵场孵化后，仔鱼顺流而下至河口区肥育生长，每年4—7月份在江苏和上海崇明等地可采到体重为9～190克、体长为10～40厘米的幼鲟。幼鲟和未性成熟个体，在河口和浅海区栖息肥育，生长至性成熟年龄，则开始沿长江向产卵场作溯河洄游，在洄游过程中，其性腺逐渐发育成熟，每年7—8月份由河口溯流而上，直抵长江中、上游江段，寻找适合的产卵场产卵繁殖。

中华鲟是一种大个体、长寿命的鱼类，文献记载的中华鲟最大体重达680千克，目前采到最长寿命的标本为：雄性22龄，雌性27龄。根据实测结果，雌性中华鲟中生长最慢的1尾为22龄，体长为259厘米，体重为175千克；生长最快的1尾为26龄，体长为322厘米，体重为378千克。而雄性生长最慢的1尾为19龄，体长为229厘米，体重为87千克；生长最快的1尾为22龄，体长为250厘米，体重为189千克。即雌体平均年增重为8.0～14.5千克，雄体为4.55～8.59千克。由此可见中华鲟的生长速度是较快的，并且雌体明显比雄体快。中华鲟的生长速度还与其性腺发育有关，一般在性成熟前的各年增长较快，性成熟以后的若干年次之,老年阶段生长最为缓慢。

中华鲟的整个生命周期中的食性变化目前尚不清楚。但在自然环境中,中华鲟幼鱼是一种以动物性食物为主的杂食性鱼类。中华鲟幼鱼的食物,均属于沿岸带和亚岸带的底栖生物,并偶有浮游生物。食物的种类,因其栖息地区的不同而有差异。如河口区幼鲟的主要食物是近海的底栖鱼类,如舌鳎属、鳙属、磷虾、蚬类等;此外也发现有植物类食物,如黄丝藻和水生维管束植物碎屑。而在长江下游捕获的幼鲟,胃内容物以虾、蟹为主要成分,而黄丝藻和水生维管束植物则较少。下海肥育的中华鲟食性目前尚不清楚,而参加生殖洄游的个体在繁殖前并不摄食,繁殖以后由于降海活动迅速,摄食活动也较少。

中华鲟的性腺发育有严格的周期性,但与其他鱼类相比较,有其特殊性。当年由海入河溯河而上进行生殖洄游的中华鲟,其性腺发育仍处于Ⅲ期,当年并不能进入生殖行列,至少要在产卵场附近停留一年时间,待性腺进一步发育,由Ⅲ期向Ⅳ期过渡,到来年生殖季节,才参加生殖活动。这表明中华鲟不是每年都产卵的鱼类。中华鲟的产卵季节在每年的秋季,产卵期为10月份至11月上旬。目前尚未发现中华鲟春季产卵的确切证据。

中华鲟个体大,绝对繁殖力也大。统计19尾雌鱼的怀卵量,其平均值为64.5万粒,变幅为30.6万~130.3万粒。相对怀卵量平均值为2.99粒/克体重,变幅为1.72~4.45粒/克体重。

中华鲟雄鱼和雌鱼的性成熟年龄相差较大,在长江捕获的中华鲟生殖个体中,雄鱼最小性成熟年龄为9龄,雌鱼最小性成熟年龄为14龄。雄鱼最小性成熟个体体长为169厘米,体重为38.5千克,精巢Ⅴ期,轻压腹部即可流精。雌鱼最小性成熟个体体长为239厘米,体重为148千克,卵巢Ⅳ期,性腺重23千克,成熟系数为15.6%。

中华鲟受精卵一般黏附在江底岩石或砾石上孵化,水温为17~18℃时受精卵约经6昼夜孵化出膜。刚出膜的仔鱼带有巨大的卵黄囊,形似蝌蚪,顺水漂流,约12~14天以后开始摄食。次年的春季幼鲟渐次降河,5—8月份出现在长江口崇明岛一带,9月份

以后,体长已达30厘米的幼鲟陆续离开长江口浅水滩涂,入海肥育生长。

中华鲟是一种重要的大型经济鱼类,四川渔民有"千斤腊子,万斤象"的谚语。据不完全统计,20世纪70年代以前长江流域每年捕捞50千克以上个体400～500尾,产量为6万～8万千克。中华鲟肉质好,生长快,怀卵量大,兼有食用和药用价值,可谓全身是宝,其经济开发潜力很大。目前,野生中华鲟的人工繁殖、苗种培育和成鱼养殖技术都较完善,已具备规模化人工养殖开发条件,但因为其属于国家一级保护野生动物,其全人工繁殖技术尚未得到完全突破,因此开展人工养殖应获得国家水生野生动物主管部门批准,并在《野生动物保护法》允许的范围内开展。

九、杂交鲟

杂交鲟是由鲟鱼类种间或属间不同种采用杂交育种方法产生的新品种。所谓杂交育种,一般指不同种群、不同基因型个体间进行杂交,并在其杂种后代中通过选择而育成纯合品种的方法。杂交可以使双亲的基因重新组合,形成各种不同的类型,为选择提供丰富的材料;基因重组可以将双亲控制不同性状的优良基因结合于一体,或将双亲中控制同一性状的不同微效基因积累起来,产生在该性状上超过亲本的类型。在表现上可使杂种后代增加变异性和异质性,综合双亲的优良性状,产生某些双亲所没有的新性状,使后代获得较大的遗传改良,出现可利用的杂种优势,在品种改良和生产中发挥着巨大作用,是动植物育种的基本途径之一。

在鱼类的杂交育种中,应用最为普遍的是品种间杂交(两个或多个品种间的杂交),其次是远缘杂交(种间以上的杂交)。我国在鲤鱼、鲫鱼、罗非鱼等鱼类的杂交育种研究和生产实践方面经验尤其丰富,获得了许多杂交新品种,并成为淡水鱼类中新的养殖对象,在全国各地推广养殖,获得了显著的经济效益和社会效益。

鲟鱼类在鱼类中的进化位置相对较低级,不同种、属间的许多种类都可以相互杂交,在一些天然水域还存在种属间的自然杂交现象,而且许多杂交种具有可育性状。因此,市场所谓的杂交鲟,根据其亲本的不同,实际上包含了一系列的种类。优质的杂交鲟一般具有个体大、生长快、抗病力强、怀卵量大的优点,能在淡水和咸淡水环境中生活,同时因其为人工制种,不属于国际或国家各种保护名录保护的种类,可以进行商业化养殖开发,因此杂交鲟的养殖越来越受到重视。

较早进行鲟类杂交育种以及杂交鲟苗种生产、商业养殖的有俄罗斯、法国等国家。我国从 21 世纪初开始进行鲟类杂交,起初主要因为养殖市场鲟鱼苗种供不应求,当时的主要养殖品种施氏鲟人工繁殖亲鱼来源依靠捕捞自然种群,不仅资源稀缺,而且经常有雌雄亲体不能同步获得的问题,一些生产者便利用施氏鲟和达氏鳇进行杂交,以便生产更多的苗种。此后,随着我国鲟鱼养殖产业规模的发展,一些从国外引进的鲟鱼品种,经过多年养殖后部分个体逐渐达到性成熟,杂交鲟的养殖优势也逐渐被业者认可,各种杂交鲟的生产受到追捧,同时也造成了我国养殖市场上杂交鲟种类多,技术含量低,品系混杂,品种定名不规范等问题。

目前,我国生产杂交鲟苗种的亲本种类主要有黑龙江水系出产的施氏鲟、达氏鳇以及从国外引进的西伯利亚鲟、小体鲟、欧洲鳇和俄罗斯鲟;一些业者为满足市场苗种需求,还用养殖成熟的杂交鲟作亲本生产苗种。根据近几年的养殖生产实践,我国养殖规模较大、杂交优势相对明显的杂交鲟主要有两类。一类是以施氏鲟和达氏鳇为亲本生产的黑龙江杂交鲟,其中施氏鲟(♂)×达氏鳇(♀)生产的杂交鲟在市场上俗称"大杂"(彩图12),其优势是个体大、生长速度快,一般都养殖到较大规格后销售,市场规模较大,而施氏鲟(♀)×达氏鳇(♂)生产的杂交鲟在市场上俗称"小杂",其生长速度较前者慢,但耐运输,也有一定的市场需求;另外一类则分别以西伯利亚鲟和施氏鲟为亲本生产,包括西伯利亚鲟(♂)×施氏鲟(♀)和西伯利亚鲟(♀)×施氏鲟(♂)两种,市场上一般将其统称为"西杂"(彩图13),其主要优势是生长速度和成活率有提高,食用口感好,同时保留了

西伯利亚鲟较好的体型体色，在小规格鲜活鱼消费市场较受欢迎。此外，我国的一些单位还进行过施氏鲟（♂）×小体鲟（♀）、俄罗斯鲟（♂）×施氏鲟（♀）、西伯利亚鲟（♀）×达氏鳇（♂）、小体鲟（♀、♂）×达氏鳇（♂、♀）以及施氏鲟（♀、♂）×杂交鲟（♂、♀）等的杂交，但目前的苗种产量、市场需求量和商品鱼养殖规模都不大。其中以杂交鲟为亲本杂交培育的苗种，由于性状分化，养殖效果不佳。国外养殖的杂交鲟则以小体鲟×欧洲鳇（彩图14）为主。

第二章 鲟鱼的人工繁殖和育苗技术

内容提要：人工繁殖技术；苗种培育技术。

第一节 人工繁殖技术

一、亲鱼培育

1. 后备亲鱼的选留

亲鱼是苗种生产无可替代的物质基础，苗种质量与亲鱼培育有直接关系，而后备亲鱼的选留是亲鱼培育的第一步，也是最关键的一步。后备亲鱼选留的基本原则：一是遗传背景清楚，保证品种纯正；二是逐级选留，具体做法是，从1龄开始至成熟期，根据养殖生产对亲鱼优良性状的要求，分3~4次对后备亲鱼群体进行选留，逐步淘汰不符合要求的个体。最后作为亲鱼保留的比例约为每批鱼初始总数的10%。

2. 鱼池培育条件

鲟鱼系大型河道鱼类，宽松的培育条件能为亲鱼的生长发育提供良好的环境（彩图15）。特别是亲鱼培育的后1~2年，池塘形状、鱼池规格、底质条件、水流量、水质、水温、噪声等，都会对亲鱼的最终成熟产生影响。因此，不论是池塘还是网箱养殖，培育后期尽可能将亲鱼移入专门的培育池中。池塘最好是近似圆形或椭圆形，规格不小于100平方米，有条件的可以设置砂底，保证

水量充足、水质清新。如果只有网箱条件,培育亲鱼的网箱须有足够大的规格和深度,水交换要好。建议网箱规格在36平方米以上,水深不低于6米。

3. 培育管理

(1) **培育环境** 后备亲鱼的前期培育环境与商品鱼养殖没有大的区别,而产前1~2年的培育环境对亲鱼的发育成熟至关重要,除保证充足的溶解氧和稳定的水流外,应该增加一些特别的措施:一是进行雌雄鉴别,分池饲养;二是密度控制,减少高密度胁迫对亲鱼性腺发育的影响,尽可能保证亲鱼有宽松的生长环境。单位面积的放养重量可控制在商品鱼放养量的30%~50%。

(2) **营养与饲料** 鲟鱼亲鱼饲料的组成与商品鱼有所不同,相对来说蛋白质含量高、脂肪含量低。目前国内已有饲料企业开始生产亲鱼专用饲料,可以采用符合亲鱼营养需求的专用商品饲料培育亲鱼。在没有合格专用饲料的情况下,也可自行配制亲鱼饲料,在商品鱼饲料中加入适量(30%左右)的冰鲜杂鱼或虾,在产前1~2年内的主要生长季节投喂。

(3) **培育温度调控** 鲟鱼性腺的生理成熟与水温的周期变化有很密切的关系,需要一定的低温刺激。一般情况下,在持续超过15℃的水温中培育,亲鱼性腺可以生长,但达不到成熟,不能正常排卵,特别是施氏鲟等一些对温度要求较严格的种类,性腺的生理成熟要求有产前不少于2个月的低温(4℃左右)刺激。因此,水温调控问题,在培育池塘地理条件选择和设施配备上都应加以考虑。

(4) **产后培育** 鲟鱼属大型、高寿、一生多次产卵的鱼类,繁殖周期的长短依种类不同而异。其中养殖的施氏鲟多为每两年生产一次,西伯利亚鲟和小体鲟多为每年生产一次。产前的亲鱼有相当一段时间不摄食,加之人工催产和繁殖操作,产后亲鱼体力消耗大、体质弱,需要加强营养恢复体质,及时投喂全价饲料有助于亲鱼性腺的再次发育。

二、人工催产与授精

1. 繁殖时间的确定

自然状态下,大多数种类的鲟鱼亲鱼是在经过越冬后、水温回升至13℃左右时开始产卵,黑龙江的施氏鲟和达氏鳇的繁殖期在每年的5—6月份,引进的俄罗斯鲟、西伯利亚鲟、小体鲟、匙吻鲟等也都属于春季产卵的类型(长江的中华鲟例外,属秋季产卵类型),产卵时间均与水温的周期变化密切相关。

目前,我国从南到北都有鲟鱼养殖,繁殖时间差异较大,南部地区温度回升较早,养殖的鲟鱼可在3月份产卵,北方地区温度回升较迟,产卵期在5—6月份。养殖鲟鱼的繁殖生产需要根据各地水温回升的具体情况而定,在温度达到13℃时即可着手开始人工繁殖工作。

根据上述规律,有条件的繁殖场可以通过人工调节温度变化周期,提前或延迟鲟鱼的产卵时间。如果需要提前繁殖,可以提早升温;需要延迟产卵,可以推迟提升温度的时间。

2. 成熟度鉴别

非生殖期的雌鱼和雄鱼无明显差异,生殖期的雌鱼和雄鱼体征有所不同,但没有婚姻色或追星之类的副性特征。所不同的是,成熟欲产雄鱼体瘦,吻尖,脊板尖,体表黏液多,腹壁薄,腹部大且柔软,富有弹性。野生的成熟雄亲鱼较易鉴别,可将鱼体背尾部弯曲成"弓"状,用手轻压生殖孔有少许精液流出。人工养殖的雄亲鱼通常不易鉴别,只检察雌鱼即可,因雌雄成熟基本是同步的。雌鱼除具备上述表性特征外,更重要的是检查卵细胞的发育状况。用特制的挖卵器从生殖孔探入卵巢后中部,取少许卵粒,检查卵粒色泽、形状、极化程度等。

3. 催情用药种类及剂量

(1) **用药种类** 施氏鲟人工催产所使用的药物主要有鲤科鱼或鲟鱼脑垂体及促黄体素释放激素类似物(LRH-A)。

(2) **催产药物的注射部位及次数** 鲟鱼的催产都可以采用肌

肉注射方法，需要注意的是，个体较大的亲鱼用药量也大，最好采用多点注射的方法，以防药物流失或对鱼体局部产生不良影响。

在自然产卵场捕获的野生雄性鲟亲鱼，性腺成熟较好，通常不需要注射，轻轻挤压腹部就有精液流出。如果对雄鱼挤压腹部也无精液流出，则需进行一次注射。野生雌鱼的注射次数主要视其性腺发育的成熟程度而定，一般成熟度好，性腺已处于Ⅳ期末的，采用一次注射即可。若性腺成熟较差或成熟不够完善，则需采用两次或三次注射。

池塘或网箱培育的鲟亲鱼，不论雌雄都需要人工催产，雄鱼通常只需注射一次，雌鱼需根据性腺发育情况而定，通常需要注射两次。

（3）**用药剂量** 无论用何种药物进行催产，均需依据亲鱼发育状况来确定注射药物的剂量和催产方法。使用鲟鱼脑垂体，雌鲟的注射剂量以每10千克体重为单位进行剂量的计算，雄鲟如需注射，其剂量一般为雌鲟注射剂量的1/15~1/10；选用LRH–A做催产剂，雌鱼总剂量为每千克体重注射30~90微克（视亲鱼成熟情况定总量），第一次注射10%~20%，10~12小时后第二次注射其余药量；雄鱼注射用量为雌鱼的一半，一次性完成。

4. 效应时间

以人工养殖的施氏鲟、西伯利亚鲟为例：雄亲鱼在注射后6~8小时即可采集精液；雌亲鱼多在第二次注射后的8~20小时排卵。经验表明，成熟度好的亲鱼催产效应时间短，成熟度差的亲鱼催产效应时间要长；催产温度高效应时间短，温度低效应时间长。有资料表明：同一批亲鱼，当平均水温为16.5℃时，效应时间为18小时；平均水温为19℃时，效应时间为11小时。因此，第二次注射后应定时观察亲鱼的活动及排卵情况，及时取卵。

5. 精液的采集和储备

将达到效应期的雄鱼固定在铺有湿毛巾的平台上，揩干生殖孔周围表皮的水，用预先准备好的、下接塑料采精袋的塑料软管，轻轻插入生殖孔，辅助轻压腹部，精液会通过软管自动流入采精袋。采到的精液少量充氧，单独封好，放在温度为1~4℃的冰箱内保存。采精后的亲鱼放回暂养池,每隔2小时左右可以重复采精,通常一尾雄鱼可重复采精5~7次。由于雄鲟鱼的精液成熟后在体内较难保留,易因受惊吓或剧烈游动而排出流失,每次从暂养池中取出亲鱼的操作要轻、快,同时应用布塞住生殖孔,并及时收集精液。

6. 成熟卵子的获得

根据亲鲟鱼的生存条件和成熟度状况,用于人工繁殖的成熟卵采集,有三种方法可供选择,即杀鱼取卵法、挤压法和活体手术取卵法。

(1) **杀鱼取卵法** 取卵前,先切断雌鱼的鳃动脉或尾动脉放血,然后剖开腹腔取卵。这种方法虽可取出全部成熟卵,但亲鱼也同时被断送了,目前,在养殖鲟鱼的人工繁殖中已完全摒弃了这种方法。

(2) **挤压法** 与常规养殖鱼类人工繁殖操作基本相同,由于鲟鱼输卵管很长,其喇叭口开于腹腔中部,人工挤压操作的方向有所不同。雌鱼达到成熟排卵后,用手先从雌鱼腹后部向前推压,再由前向后推压,目的是将体腔后部的游离卵粒尽可能地挤入喇叭口,再经输卵管产出。一般情况下,这样的操作要每隔1小时左右进行一次,有时需重复3~4次才能完成。尽管如此,也很难把所有成熟卵挤出,总会有相当一部分挤不出来。采用挤压法,每次操作都需把亲鱼重新从水中捞出再放回去,比较麻烦,而且随着挤卵次数的增加和时间的延长,卵的受精率会越来越低。但此法能有效地保留亲鱼,适用于较小型或成熟度很高的亲鱼。

(3) **活体手术取卵** 达到效应时间,雌鱼生殖孔会有卵排出。此时先将亲鱼麻醉,腹面向上放在铺有湿毛巾的操作台上。在腹中线生殖孔上方约10厘米的位置,切开一个2~3厘米长的小口,此时成熟卵会从切口处流出,需用容器接取(彩图16)。大多数情况下,辅助人工挤压可将成熟卵一次性取出。如遇卵巢随卵一起堵在切口,阻碍卵子流出,可用经消毒的手术刀柄等工具,将出来的卵巢推回去再挤。挤卵完成后,用医用缝合针和尼龙线缝合切口,消毒处理后,将亲鱼放入恢复池中(彩图17)。鲟鱼活体取

卵手术技术已相当成熟，操作得当，成功率可达到100%。

7. 成熟卵子的人工授精

鲟鱼成熟卵的人工授精主要采用干导法，即先将卵置于盆中，每盆约4万～7万粒卵。加入1～2毫升精液，搅动精卵，使其充分混合。加入水温与孵化温度相同的清水，继续搅拌约5分钟，倒掉上面的体腔液和多余的精液，再漂洗2～3次，授精工作即已完成。鲟鱼的精子大，而且激活后的寿命较长，因此，也可以采用先加水激活精子，立即倒入盛卵盆中的授精方法，这种方法更能有效提高受精率。

三、受精卵孵化

1. 受精卵的脱黏处理

（1）泥浆脱黏法　泥浆是人们在鱼类受精卵脱黏上最早使用的脱黏材料，来源广泛，使用方便。采集干燥的河边淤泥，冲洗并滤去所有的碎石。在沉淀并弃去上清液的过程中，得到5～20微米大的颗粒河泥。然后将河泥晒干或烘干，集存于塑料袋内备用。在0.5升的泥悬浊液和4升水中，加1千克受精卵，搅动40～60分钟，即可脱去卵的黏性。

（2）化学药物脱黏法　鲟鱼卵脱黏的主要化学药物有：尿素、Na_2SO_3、NaCl、鞣酸等。

脱黏方法：将采集的受精卵盛于盘中，迅速用清水冲洗2次，用0.1%的鞣酸处理1分钟，再用0.4%的尿素和0.3% NaCl，或1.5% Na_2SO_3处理5～10分钟。然后减少一部分鞣酸，使其和淡水的比例为1:1，重复冲洗三次，每次冲洗3分钟，最后用清水冲洗3次，放入孵化器中孵化。

（3）滑石粉脱黏法　脱黏剂为20%的滑石粉悬浊液。脱黏时，在盆中注入清洁的孵化水，加入提前泡好的滑石粉液，慢慢搅动鱼卵，如果有卵粘连现象，用手拨开。每10分钟换一次洗液，弃去旧的溶液，加入清水和滑石粉。重复这项操作至卵完全不粘手为止，并冲洗至水清为止，脱黏时间一般为30～50分钟。

（4）**脱黏操作方法的选择**　手工脱黏法：即在脱黏过程中用手在脱黏容器中搅动卵，使之与脱黏剂不断充分接触，不发生粘连。直至卵不粘手为止。为不使温度变化过大，应将脱黏容器放在孵化水中。搅动时动作必须轻而缓以卵能翻动与脱黏剂充分接触为度。

机械脱黏法：在机械脱黏法中，实际效果较好的是充气脱黏。充气脱黏的主要设备有气泵和锥形瓶。气泵的出气口通过管路与锥形瓶的下口相连，脱黏时将受精卵和脱黏剂放入锥形瓶中，充气使瓶中的卵不断翻动。充气量的调整，以卵和脱黏剂不在瓶底停留为度。脱黏达到要求的时间后。拔出充气管，放出鱼卵，冲洗后转入孵化器。这种方法省力，伤卵机会少。

2. 受精卵孵化

（1）**常用孵化器的种类**　尤先科孵化器：亦称淋水式孵化器，是目前国内鲟鱼孵化采用最多的一种孵化器（彩图18）。这种孵化器的孵化效果较好，但鱼苗的收集必须人工从盛卵槽内捞出，收苗工作量很大。

鲟鱼Ⅰ号孵化器：这种孵化器是俄罗斯目前最先进也是最普及的孵化器。这种孵化器的用水量每小时不到2立方米，而每台的孵化能力可达32千克受精卵。孵出的鱼苗自动进入收集器内，可有效地节省用水和管理的劳动强度。

瓶式孵化器：瓶式孵化器与前述脱黏器有些相似。不同的是孵化器供的是水而不是气，瓶口处设有鱼苗收集导槽（彩图19）。这种孵化器的用水量较大，其最大的优点是在孵化期间不用消毒，坏卵因比重小而随时流出。

网箱孵化：有些规模较小的孵化或实验性孵化，在野外无法使用孵化器时，可以采用筛绢制成的网箱放在微流水处孵化。这种方法无论从管理条件还是孵化效果上，都远不如前面提到的孵化器。

（2）**孵化管理**　水温与孵化效果的关系：在氧气含量不低于其发育的正常标准时，鲟科鱼类在不同温度下胚胎发育有很大差别，在一定范围内随温度的升高而发育加快，其对应关系如表2-1所示。

表 2-1 不同孵化水温条件下施氏鲟胚胎发育时间

发育阶段	温度/℃				
	9~11 天	13~15 天	17~19 天	20~22 天	24~26 天
第一次卵裂	—	3	2	2	1
囊胚早期	—	14	10	10	8
囊胚晚期	—	18	14	12	10
早原肠期	30	22	18	16	14
中原肠期	36	26	22	20	18
大卵黄栓期	52	30	26	24	22
小卵黄栓期	—	36	30	28	26
隙状胚孔期	—	48	34	34	28
早神经极期	—	50	35	36	—
宽神经极期	—	54	38	38	30
神经闭合期	—	60	40	40	32
视泡形成期	—	82	42	42	34
心脏形成期	—	113	48	46	38
心脏搏动期	—	136	52	50	—
尾达头部期	—	—	78	74	—
尾达间脑期	—	—	90	88	—
破膜孵出期	—	170	98	94	—

对不同水温下孵化胚胎的出膜率统计表明，孵化水温在 13~15℃时，出膜率为 25% 左右，17~19℃时为 65%，20~22℃时为 30% 左右。

孵化水量的控制：水量控制的原则是保证孵化用水中含有足够的氧气，及时排出胚胎发育过程中的废物，同时还要兼顾拨卵器的定时动作。每种孵化器的供水量各不相同，应根据具体情况掌握。如：鲟鱼Ⅰ号孵化器每台每小时用水量应保证在 2 立方米左右，尤先科孵化器每台每小时用水量为 3 立方米左右，瓶式孵化器则必须保证鱼卵能正常翻动，没有不动的卵。孵化的前期，鱼的呼吸量小，随着胚胎发育的进行，呼吸量不断加大，到出膜前最大。因此，水量的调整也可从小到大，到出膜前达到应有的供水量。

水霉控制：在孵化过程中，水霉是影响鲟鱼孵化率的主要病害。水霉可以把活卵缠裹住，如不及时处理，被缠裹住的活卵与死卵形成块后，会造成局部缺氧，活卵会因缺氧而死亡。使用瓶式孵化器不存在这个问题，由于死卵相对活卵比重小，在孵化过程中通过调节水流，可以把死卵从孵化器中排出。使用其他几种孵化器孵化鲟鱼卵，对水霉的控制是孵化成败的关键，一般的控制方法主要有两种，一种是食盐与小苏打合剂（1∶1），使孵化用水成8毫克/升浓度；第二种是亚甲基蓝，使孵化用水成2~3毫克/升浓度。这两种方法每天消毒一次，每次10~20分钟。

鱼苗收集与计数：鱼苗收集方法与使用的孵化器种类紧密相关。目前国内使用较多的孵化器是尤先科孵化器，孵化出的鱼苗必须人工从盛卵槽内捞出，收苗工作量很大。比较先进的孵化器是瓶式孵化器和鲟鱼Ⅰ号孵化器，这两种孵化方式都有鱼苗导流槽，在导流槽的终端有一个小网箱用来收集鱼苗。收集鱼苗的时间根据网箱中鱼苗的密度大小确定，一般出苗高峰时半个小时就要收集一次。

鱼苗计数方法主要有两种：逐尾计数法与打样法。逐尾计数法是指将孵出的鱼苗一尾一尾地记录下来。打样法是将孵出的鱼苗暂时集中在一个固定的计量容器内（一般用容积较小的容器，如小酒杯等），再计数容器内的鱼苗数，取2~3次样，再以平均数作为每一容器的鱼苗数量，最后计算总的打样数。

第二节　苗种培育技术

一、鱼苗暂养

1. 暂养池

刚孵化出的鱼苗有5~7天不吃食物，属内源性营养期，这段

时间的培育称为暂养。一般情况下,暂养池可以使用玻璃钢或水泥池,尽量采用直径为1.5~2.0米的圆形池,水深为30~40厘米。玻璃钢池内壁较光滑,可以直接使用。水泥池应该在池底部铺上磁砖,如有条件,池壁也可以铺上磁砖,以减少因鱼池粗糙对鱼苗产生的损伤。

2. 水质及暂养密度

暂养鱼苗用水必须符合要求,最好是溶氧量高的水,刚孵化出的鱼苗可以放在有微流水和充气条件的玻璃钢池中高密度暂养,暂养密度可控制在3万尾/米^{3}左右。

二、鱼苗开口

习惯上,把鱼苗第一次摄取外源食物称为鱼苗开口。鱼苗的开口主要有两种方式,一是使用动物性饵料投喂(活饵开口),另一种是直接使用人工配合饲料直接投喂(饲料开口)。生产者可根据自己的实际条件和培育目标,选择合适的开口方法。

1. 活饵开口

在实际养殖过程中,培育鲟鱼苗采取先用活饵喂养一段时间,使鱼苗具备了一定体力和抗饥饿能力后,再用配合饲料进行驯化的方式。使用的活饵有水蚯蚓、水蚤、卤虫等。初期每日按鱼体重的100%投喂,随着鱼苗体质的增强和规格的增大,投喂量也要作相应的调整。开口后期可降低到40%~50%。也可以采取混合投喂活饵的方式,如在鱼苗开口初期用适口的水蚤或卤虫投喂,进行4~5天再改用水蚯蚓投喂。这样的投喂方式可以弥补鱼苗因摄取单一活饵造成的营养成分的不足,鱼苗不仅生长速度快,存活率及健壮鱼苗的比率也较高。活饵的日投喂次数与鱼苗的规格与体质相关。鱼苗规格越小,体质越弱,投喂的次数越多。鱼苗开口初期2~3小时/次,随鱼苗的增长,投喂次数可适当地逐步减少。而且不同龄的鲟鱼是全昼夜摄食的,因此,也必须规定夜间进行投喂。

在规模较大的生产中,多采用水蚯蚓开口的方法。投喂前,将水蚯蚓在清水中存养一段时间,待水蚯蚓的颜色变成鲜红、肠内的污物完全排出后,用菜刀剁碎,泼入池中投喂。活饵喂养鱼苗至一定规格后,再用配合饲料驯化。此种方法的优点是:鱼苗开口率较高,成活率高,前期生长速度较快,鱼苗体质健壮,摄食旺盛,规格较整齐,并对环境变化有一定的抗御能力。这种方法的缺点是:还要经过一次转口驯化。

2. 饲料开口

在鱼苗第一次开口摄食时,即直接用配合饲料投喂。这种方法的主要优点是:培育的鱼苗可以一直以人工配合饲料为食,不需再次驯化。既减少了活饵成本,也解决了一些地方苗种培育期内得不到活饵料供应的问题。主要缺点是:开口率和成活率较低,鱼苗规格参差不齐,有相当一部分鱼苗在整个过程中,摄取极少量的饲料,仅能维持其基本的生命活动,几乎不长,体质很弱。另外,这种开口方法对饲料的营养和适口性要求很高,管理的难度也比较大。需要不断清理养殖容器内的残饵,以保证水质,需要不断地将大小鱼苗分开,以保证其正常生长。

三、苗种培育

1. 鱼苗转口驯化

鱼苗转口驯化是指用活饵料开口的鱼苗改喂人工配合饲料的转换过程,这个过程对后期的培育至关重要。

(1) **转口驯化时间** 孵出的鲟鱼苗经过 10～15 天左右时间的培育后,其体重可达到约 1 克,这时可以用配合饲料进行驯化。

(2) **转口驯化方法** 在鲟鱼苗种培育的实践中,人们已经掌握了许多种转口驯化的有效方法,概括起来主要有配合饲料直接投喂和活饵与配合饲料交替投喂两种方法。

配合饲料直接投喂法:鲟鱼苗经过 10～15 天的活饵培育,其体重可增加到大约 1 克,此时的鱼苗体质较好,食欲旺盛,可以停止投喂活饵,用配合饲料进行强行驯化。所采取的形式也有硬颗粒和软颗粒两种。硬颗粒驯化难度相对较大,采用较多的是

软颗粒饲料进行驯化的方式。软颗粒饲料的制作是在基础饲料中添加辅助物质或是用活饵浆浸泡干饲料，晾至半干后再用于驯化投喂。施氏鲟鱼苗对此类软饲料比较容易接受，驯化效果要比直接使用硬颗粒饲料好些。当然，软颗粒饲料的制作方法对驯化结果也有较大影响，试验结果表明，用添加鲜活物制成的软颗粒饲料投喂，3周可完成驯化，成活率在50%以上。添加鲜猪肝和鲜蚯蚓制成的软颗粒饲料用于驯化，成活率还要高些，可以达到69%左右；而用活饵浆（如用水蚯蚓打碎后制成浆）浸泡制成的软颗粒饲料进行投喂，驯化时间约需2周，成活率高达75%以上。

为使幼鱼尽快习惯于人工饲料，用配合饲料对施氏鲟进行驯化时，必须有一定的饲料投喂量和投喂次数，饲料投喂次数通常一昼夜约为10次，后期可依幼鱼对饲料的接受程度减少至5~6次。驯化期间最好在每次投喂后都要清池。在大规模养殖生产中，至少每天清池1~2次，保持池内水环境稳定良好。

活饵与配合饲料交替投喂法：交替投喂是指驯化时，在每天的投喂食物中，逐步减少活饵的投喂次数，逐渐增加配合饲料的投喂次数。配合饲料的投喂由开始的每天1~2次，10天左右增加到4~5次，最后根据鱼的摄食情况，完全使用配合饲料。用交替投喂方法驯化鲟幼鱼，所需时间长，约为7~8周，驯化成活率较配合饲料直接投喂法高。在鲟鱼的规模化生产中，一般采用这种驯化方法，效果比较稳定。经过驯化的鲟幼鱼，在完全接受配合饲料后，继续饲养的成活率很高。在养殖水温和饲料条件适宜的情况下，生长速度也较快，抵抗力强，很少患病死亡。

2. 培育管理

（1）放养密度　在其他条件相同的情况下，放养密度的大小对鱼苗的生长速度有一定的影响，密度大时，会加大鱼苗的自身抑制作用，影响鱼苗的新陈代谢活动和鱼苗对饵料的消化利用率，同时也极易污染其生活环境，引起池内缺氧，造成死鱼事故。因此，应根据鱼苗规格合理地调整放养密度，具体要求如表2-2所示。

表 2-2 放养密度调整参考

鱼体重/克	温度/℃	放养密度/(千克·米$^{-2}$)	放养密度/(千克·米$^{-3}$)
0.04~0.07	16~17	5.0~7.0	25.0~35.0
0.07~0.50	17~19	3.0~5.0	15.0~25.0
0.6~1.0	19~20	2.0	10.0
1.1~3.0	20~22	1.0	2.5
3.1~5.0	22~24	0.5~0.8	1.0~1.5

（2）饲养管理　温度与水量控制：鲟鱼苗对外界环境的变化较为敏感，要避免温度的骤然变化。培育水温应控制在 18~21℃。此时鱼苗对水体中的溶氧量要求较高，水供应量要充分，育苗池内水交换量根据鱼苗的放养密度和水温来调整。水位保持在 40~50 厘米即可。开口期饵料投喂量大，残饵较多，可调整育苗池内的水体呈有利排污的微流动或微转动状态。如表 2-3 所示。

表 2-3 养殖幼鱼水池的水流量调整参考

鱼体重/克	水温/℃	水流量/(升·分钟$^{-1}$)
0~0.07	16~17	20
0.07~0.50	17~19	20
0.6~1.0	19~20	30
1.1~3.0	20~22	40

投喂管理：用配合饲料投喂时，饲料颗粒的大小应严格同鱼苗的规格相适应。改换饲料粒径应由小到大逐步进行。初期日投喂大约 10~12 次，后期可根据鱼苗的生长和摄食情况调整到每天 5~6 次。

（3）鱼池管理　①每天监测培育池的水温、溶解氧、pH 值等，记录有关的生产技术数据。

②根据培育池的水质情况，认真做好排污工作，每天至少清池 1~2 次，保持育苗池内环境稳定良好，以利于鱼苗的生长发育。

应及时对鱼苗进行分池,筛选出体弱、不摄食或是摄食极少的鱼苗,先用活饵扶壮一段时间,待鱼苗体质有所恢复后再用配合饲料投喂。对于那些摄食积极、体质健壮的鱼苗也应挑选出来另行培养。

③建立值班制度,除认真保管好工具外,还要定时巡逻,经常检查注排水设施、增氧设施等是否运转正常。

第三章 鲟鱼的养殖水质调控技术

内容提要：鲟鱼养殖水质要求；养殖水质主要调控方法；不同养殖模式水质调控要点。

第一节 鲟鱼养殖水质要求

鲟鱼养殖水源可用河水、地下水（井水）和水库水等，无论采用何种水源都要求水质好，无污染。由于鲟鱼对水环境变化相当敏感，所以对养殖用水的水质要求极高，即使符合我国《渔业水质标准》的水源，某些指标也不一定适用于鲟鱼养殖。鲟鱼养殖的水质标准见表3-1。

表3-1 鲟鱼养殖用水的理化指标

指 标	最适范围	指 标	最适范围
水温/℃	20~24	总铁/（毫克·升$^{-1}$）	成鱼<1，仔幼鱼<0.5
透明度/厘米	>30	氯离子/（毫克·升$^{-1}$）	<10
溶氧量/（毫克·升$^{-1}$）	>6	硫酸盐/（毫克·升$^{-1}$）	<10
二氧化碳/（毫克·升$^{-1}$）	<10	盐度	<0.5

续表

指　标	最适范围	指　标	最适范围
硫化氢/（毫克·升$^{-1}$）	0	有机氮/（毫克·升$^{-1}$）	<0.5
pH值	7~8	氨态氮/（毫克·升$^{-1}$）	<0.5
碱度/（毫克·升$^{-1}$）	90~100	亚硝酸氮/（毫克·升$^{-1}$）	<0.1
有机物耗氧量/（毫克·升$^{-1}$）	5~15	硝酸氮/（毫克·升$^{-1}$）	<1.0
总硬度/德国度	5.5~8.5	磷酸盐/（毫克·升$^{-1}$）	<0.2

自己没有条件测定时，可以委托当地的水产研究所、水产养殖院校、自来水厂、环保站、卫生防疫站等部门进行化验。如果分析结果表明水质不符合要求，就要考虑改换其他水源或采用过滤、沉淀等方法改善水质。

一、水温

水温直接影响鱼类的摄食、代谢、生长等生命活动。水温过高或过低，甚至还会危及鱼类的生存。多数鲟鱼生长的适宜水温为17~27℃，最适范围为20~24℃。在适温范围内，随着水温的升高，鲟鱼的代谢率升高，摄食量增大，因此，养殖过程中必须根据水温变化调整投饲量。养殖条件下，鲟鱼在冬季低温期还需人工越冬，适当提高温度以维持其一定的生长速度。生产上保持水温的方法有电加温、锅炉加温以及开采地下水、利用泉水等。自然条件下，水温的年变化一般以7—8月份最高，1—2月份最低。日变化以14：00—16：00水温最高，清晨日出之前水温最低。在水库、湖泊等大型水体，不同水层之间存在温差，一般是冬季上层水温低于下层;春秋季上、下层水温相近;夏季上层水温高于下层。水温除影响生物的生命活动外,还会影响水的理化性质,如水中溶氧量、水的相对密度、CO_2含量及营养盐的溶解度等。因此,养殖过程中,必须每天测量水温,并根据水温的变化规律安排好生产管理。

二、溶解氧

溶解在水中的氧气称为溶解氧。鱼类的生命活动离不开氧,对水中溶解氧都有一个最低需求量。当溶解氧低于最低需求量时,鱼类的摄食、代谢、生长等都受到影响;若溶解氧低至一个极限值(窒息点)时,鱼类将因窒息而死亡。通常鱼的绝对耗氧量随体重增大而增加,但其耗氧率即单位体重耗氧量却随体重增大而减少,如体重约为8克的施氏鲟幼鱼的耗氧率为0.31~0.61毫克/(克·小时)(水温为14~25℃),而体重2千克的高首鲟的耗氧率仅为0.10毫克/(克·小时)(水温为12~20℃)。因此,一般情况下,个体小的鱼对溶解氧的要求反而更高些,也比大的鱼更容易因缺氧而窒息死亡。关于鲟鱼生长的最佳溶氧量目前尚缺乏详细资料,一般认为最好大于6毫克/升,至少不低于5毫克/升,水中溶解氧的来源有大气中的氧的溶入以及水生植物光合作用产生的氧。流水养殖时因水处于不断流动的状态,大气中的氧气不断溶入而使溶解氧保持较高水平。水库、湖泊虽处于相对静止状态,但由于水面大,在风力作用下仍会产生微小波浪促进水体和大气之间的气体交换,加上水生植物光合作用产生的氧气,因而一般情况下不缺氧。池塘为小水体,几乎处于静止状态,大气中的氧气溶入量少,所以池塘中溶解氧来源主要靠水生植物的光合作用所释放的氧气。水中溶解氧的消耗,主要由养殖鱼类和其他生物的呼吸作用所致。因此,养殖密度越大,耗氧越多。另外,浮游植物在光合作用放氧的同时,也因呼吸作用而消耗氧,特别在夜间光合作用停止之后。所以,水中溶氧量呈现明显的昼夜变化,白天较高,下午达最高峰;夜晚较低,清晨日出前最低。此外,溶解氧还与水体中的微生物及有机物的氧化

分解有密切的关系。溶氧量高时，由于好气细菌的活动，能对有机物进行彻底的氧化分解，同时，把水中的一些有毒物质如氨（NH_3）转化为无毒的硝酸盐。低溶氧量条件下，底泥在缺氧状态下产生有毒气体如硫化氢（H_2S）、甲烷（CH_4）等。因此，在养殖水体中保持较高的溶解氧水平，对维持整体水质处于良好状态是非常重要的。在生产上可通过加大水交换量、机械增氧、曝气等手段来增加养殖池的溶解氧。溶解氧的测定有化学方法和仪器测定的方法。化学方法需配制多种试剂溶液，且测定步骤烦琐，但数据精确。生产上可用便携式溶氧仪，其测定方法简单、快捷。目前市场上国产溶氧仪按其精度不同每台售价约为2 000～4 000元。

三、透明度

水的透明度是太阳光进入到水体内的量度。把透明度板（直径为25厘米的白板或黑白色板）沉入水中至恰好看不到板的白色时的深度即为透明度，以"厘米"或"米"作单位。养殖水体的透明度与水中浮游生物、微生物、有机碎屑、泥砂及其他悬浮物的含量有关，但最重要的还是取决于水中的浮游生物特别是浮游植物的含量。因此，透明度的大小可反映水中浮游植物的多少及水质的肥瘦程度。鲟鱼养殖要求较高的透明度，最好大于30厘米，至少不低于25厘米。

四、pH值（酸碱度）

pH值等于7时为中性，pH值大于7时为碱性，pH值小于7时为酸性。pH值过高或过低都会影响到鱼类正常的生理活动。在酸性水体中（pH值低于6.5），鱼类代谢降低，摄食量减少，消化率低，体质下降，抗病能力减弱，生长受抑制。反之，pH值过高（pH值大于10），则会腐蚀鱼的鳃组织，影响鱼正常的呼吸活动，同样会抑制鱼的生长。pH值还影响到水中有毒物质的化学态及毒性。pH值升高，水体中非离子态氨浓度增大，毒性增强。而pH值下降，硫离子（S^{2-}）更容易转化为有毒的硫化氢分子；含有重金属离子的配合物或沉淀物也相继分解或溶解,致使游离态重金属离子浓度增大,毒性增强。水体中 pH 值还与土壤性质有关。我国北方水库中的水大多偏弱碱性,而南方水库中的水多呈中性或偏弱酸性。新开池塘如土壤类型为红土、黄土、泥炭土或矾酸土的多为酸性。老池塘淤泥沉积过多,也会使酸性增加,生产上可通过洒石灰来调节 pH 值。鲟鱼可生活在 pH 值为 6.5～9.0 的水体中,最适生长的 pH 值范围为7.0～8.0。测定 pH 值可用试纸或 pH 计。前者用法简单、快捷,将 1 条试纸置于待测定的水中,试纸浸湿后颜色随水的 pH 值而改变,与标准色比较即可得知水的 pH 值,但这种方法误差较大。pH 计使用前要先用标准溶液校正,能准确测得水的 pH 值。

五、碱度

水的碱度是指水中碳酸氢根（HCO_3^-）、碳酸根（CO_3^{2-}）和氢氧根（OH^-）等离子的含量,这些离子分别构成重碳酸盐碱度、碳酸盐碱度和氢氧化物碱度,其和称为"总碱度"。水体碱度过低,会影响浮游生物的生长。碱度过高则抑制生物生长,刺激鱼的体表分泌大量黏液或引起鳃出血而死亡。碱度适中的水体有利于生物的生长,并能调节水体 pH 值相对稳定。在适合鱼类生长的范围内,同时还能减轻重金属对鱼类的毒性。不同鱼类对碱度的承受能力不同,养殖鲟鱼的水体总碱度以 90～100 毫克/升为宜。

六、硬度

硬度指水中钙、镁等离子的总含量。钙离子构成钙硬度,镁离子构成镁硬度,各硬度之和称为总硬度。天然水的硬度按其大小分为五类:0°～4°为很软水、4°～8°为软水、8°～16°为中等软水、16°～30°为硬水、30°以上为很硬水。普通淡水中钙含量大于镁,所以钙硬度是构成淡水硬度的主要成分,也是养殖用水的一项重要指标。钙和镁是生物必不可少的营养元素,不仅是动物骨骼和植物细胞壁的重要组成成分,而且还参与体内新陈代谢的调节。

钙含量不足，会抑制鱼类的生长发育。钙浓度增加，可减少生物对重金属离子的吸收从而降低其毒性。钙还能稳定土壤的 pH 值，保持底泥的透气性，加快有机物的矿化分解，促进水体中营养元素的循环。养殖水体中的钙含量应在 3 毫克/升以上。镁是植物叶绿素的重要组分，镁含量不足会限制水生植物的繁殖。鲟鱼对水的硬度要求较高，其最适硬度为 5.5°~8.5°。

第二节　养殖水质主要调控方法

鲟鱼对水环境变化相当敏感，对养殖用水的水质要求极高。对水体中悬浮物、有机物、敌害生物、致病微生物和有害物质要严格控制和进行有效去除后，方可用于鲟鱼的养殖生产。养殖水质的主要调控方法有物理法、化学法和生物法三种，在实际养殖应用中要结合生产实际，选择三种方法中的一种或几种对养殖用水进行处理。

一、养殖水体的物理调控方法

1. 栅栏

在养殖水源进水口处设置以竹箔、聚乙烯网片或铁丝网制成的栅栏，可以防止水中个体较大的鱼类、虾类、大型漂浮物和悬浮物进入进水口或养殖池塘，避免引起进水管道堵塞或在引水中将敌害生物带入养殖水体。

2. 筛网

以尼龙筛绢制成，在生产上保护幼体孵化用水，安置在水源进水口的栅栏内侧，防止小型浮游动物进入孵化容器中残害幼体。为便于清除，可将部分筛网做成漏斗形或口袋状。

3. 沉淀

沉淀是借助水中悬浮颗粒自身重力，使其与水分离。按沉淀物质的性质和浓度主要分为两种类型。

（1）**自由沉淀**　水中悬浮颗粒物质的浓度不高，颗粒无凝聚性,在沉淀过程中颗粒间不相互黏合,形状和尺寸均不变,其沉降速度也不变,这种沉淀称自由沉淀。

(2) **絮凝沉淀** 水中悬浮颗粒虽浓度不高,但固体颗粒有凝聚性能,在沉淀过程中颗粒能互相黏合,成为较大的絮凝体,且沉降速度在沉淀过程中逐渐增大,称为絮凝沉淀。

4. 气提浮选

沉淀法只能分离颗粒较大、自由沉降较快的固体污染物,对于颗粒较小、密度较小(密度接近1)的固体需要借助浮选法。气提浮选法是靠通入空气,以微小气泡作为载体,使水中的悬浮物微粒黏附于气泡上,借助气泡的浮力带动上浮,从而使杂物与水分离。

5. 过滤

过滤是养殖用水和废水处理中比较经济有效的方法之一。它既可以作为养殖用水的预处理,也可作为养殖用水的最终处理,如工厂化育苗循环用水的处理等。

过滤是使水通过具有孔隙的粒状滤层(如石英砂等),使微量残留的悬浮物(如胶体絮状物、藻类、细菌等)被截留,从而使水变得澄清。

常见水质过滤系统有砂滤池和砂滤罐。二者过滤原理相同,砂滤池多为敞口水泥结构,进入砂滤池的水是靠自身重力作用通过滤层,过滤速度较慢,必须经常更换被污物填塞的表层细砂;砂滤罐由钢板焊接或钢筋混凝土筑成,属封闭型系统,进水在较大的压力下过滤,效率较高。每平方米过滤面积每小时流量约为20立方米,还可以用反冲法清洗砂层而无须经常更换细砂。砂滤池结构如图3-1所示。

二、养殖用水的化学处理方法

养殖用水的化学处理方法是利用化学作用,达到去除水中污染物的目的。通常加化学药剂,促使污染物混凝、沉淀、氧化还原和络合。养殖用水的化学处理方法主要有以下几种。

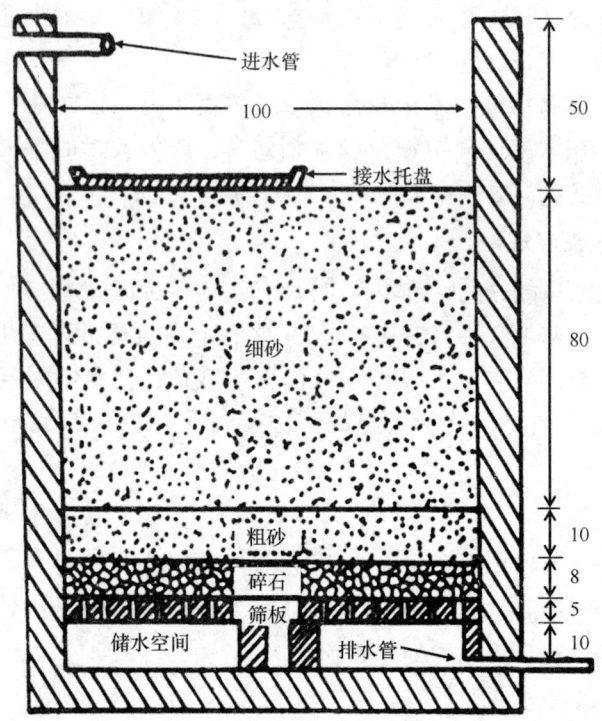

图 3-1 砂滤池剖面示意（单位：厘米）

1. 重金属的去除

养殖用水中不能有超量的重金属存在，否则轻则引起养殖对象畸形，重则危及其生存。养殖生产上去除水中重金属采用 EDTA 钠盐（EDTA-Na_2），化学名称为乙二胺四乙酸二钠。

EDTA-Na_2 的作用原理：EDTA 与钠离子螯合的稳定常数很低，一旦与水中其他金属离子，如汞、铅、锌、铜等相遇，钠离子位置立刻会被其他重金属离子所取代而形成新的稳定的螯合物（如 EDTA 铜盐等），从而大大降低了水体内的重金属离子浓度和对幼体的毒害作用。通常根据水源中重金属离子的多少，施用 2~10 毫克/升的 EDTA-Na_2。

2. 硬水的软化

硬水对养鱼生产并无害处，但在温室育苗中，硬水中含有大量钙离子和镁离子，它们加热后则形成钙盐和镁盐沉淀，在锅炉内形成锅垢，轻则降低锅炉的导热性，重则因受热不均导至锅炉爆炸。在加热管道中，它们也会沉积下来，堵塞管道。

水的软化方法有石灰苏打法和阳离子交替法。养殖生产上通常采用石灰苏打法，即在硬水中加入熟石灰[$Ca(OH)_2$]和苏打（Na_2CO_3）。加入的熟石灰不能过量，过量的$Ca(OH)_2$反而会使水变得更硬。因此，在对硬水进行软化之前应测定水体的硬度，根据水的硬度，确定熟石灰合适的投加量。硬水加入熟石灰和苏打液搅拌沉淀后，上清液即变为软水，过滤后即可作为锅炉用水。

3. 氧化还原法

水中的无机物和溶解有机物可通过氧化还原反应转化为无害物质或转化为易于从水中分离的气体或固体，从而达到处理要求。

在养殖生产上最常用的方法是空气氧化法。该方法对消除因缺氧而产生的还原态的有毒、有害物质简单有效。养殖水体底部淤泥中的有机物在缺氧环境中和微生物的作用下产生大量H_2S、NH_3等有毒物质，采用水质改良剂或干池曝晒，使H_2S氧化成SO_4^{2-}，NH_3氧化为NO_2^-并进一步氧化为NO_3^-。它们不仅无毒，还可以作为营养元素被植物加以吸收利用，促进水体物质循环。

采用地下水作为养殖用水时，其溶氧量均很低，特别是深井水，其溶氧量几乎等于零。而某些地区土壤的含铁量较高，缺氧水中的铁以Fe^{2+}形式存在，为水溶性，因此，刚从深井中抽出的水无杂质、无色透明。但它们一旦遇到空气中的氧气，水中的Fe^{2+}即氧化为Fe^{3+}，为固态物质，水即呈现铁锈色。处理时可将深井水先用增氧机曝气、增氧，利用空气中的氧气，一方面向水中增氧以供养殖用水本身需要，另一方面，使水中Fe^{2+}氧化为Fe^{3+}，形成絮状沉淀脱离水体。

4. 混凝法

水中的悬浮物质大多可通过自然沉淀法去除，而胶体颗粒（大小为0.001~0.100微米）则不能依靠自然沉淀法去除，在这种情况下可投加无机或有机混凝剂，促使胶体凝聚成大颗粒而自然沉淀。

（1）**铝盐** 如明矾 [$Al_2(SO_4)_3K_2SO_4·24H_2O$]、硫酸铝 [$Al_2(SO_4)_3·18H_2O$] 等，属无机混凝剂。应用的适温范围为 20~40℃，pH值为4.0~8.0，当pH值为4.7时去除有机物效率高，而当pH值为5.0~7.8时清除悬浮物较好。上述两类混凝剂的优点是：凝聚作用快，腐蚀性小，使用方便，卫生条件好。其缺点是：混凝剂呈酸性，往往需加碱性助凝剂，其作用温度要求在 20~40℃，低温环境效果差，而且除色效果也差。

为克服上述缺点，目前生产上推广一种无机高分子混凝剂，工业上称碱式氯化铝（BAC），化学上称聚三氯化铝（PAC），俗称聚合铝或碱式铝。其优点是：用量少，仅为硫酸铝用量的 1/4~1/2；反应迅速，水温低时也能很好反应；絮体沉淀快，容易过滤；其pH值的适宜范围为5.0~9.0，最佳pH值为6.0~6.8；加药后，pH值降低值小，一般不必加碱性助凝剂，可以单独使用；其腐蚀性小，具除浊度、除色度、除重金属、除藻类、除细菌、除病毒等功能。

（2）**铁盐** 主要有三氯化铁（$FeCl_3·6H_2O$）和硫酸亚铁（$FeSO_4·6H_2O$）等，以三氯化铁最为常用。其纯度高，渣量少，易溶解，产生的絮凝体大，沉降快，脱色效果好，而且不受水温影响，pH值为6.0~11.0均可。

（3）**聚丙烯酰胺** 聚丙烯酰胺（PAM）属有机合成高分子混凝剂。对于含量较多的养殖用水，pH值在7.0以上，土壤颗粒带负电荷，可以采用阳离子型的PAM。使用时，先溶于少量水中，再进行泼洒。因本品中含有少量有毒未聚合单体，投加量不宜过多，应不高于1毫克/升。

5. 消毒法

此法主要是杀灭水中对养殖对象和人体有害的微生物，降低水中有机物的含量，达到脱氮、脱色和脱臭的目的。常用方法有三种。

（1）**氯化物消毒** 氯化物消毒剂有漂白粉、漂粉精、二氯异氰尿酸钠、二氯异氰尿酸和三氯异氰尿酸等。

氯化物消毒剂遇水后均产生次氯酸（HClO），次氯酸放出原子态氧（O），具有强氧化能力。氯化物的氧化能力用有效氯表示，即把 Cl_2 作为 100% 来进行比较，有效氯含量越高其氧化能力越强。常用氯化物消毒剂的性质：漂白粉稳定性差，易潮解，有效氯含量为 25%～35%；漂粉精稳定性好，易溶于水，遇光易分解，有效氯含量为 60%～65%；二氯异氰尿酸钠易溶于水，性能稳定，室内可保持半年，有效氯含量为 60%～64%；二氯异氰尿酸微溶于水，性能稳定，室内可保持半年，有效氯含量低于 65%；三氯异氰尿酸微溶于水，性能稳定，室内可保持半年，有效氯含量低于 85%。

使用漂白粉进行水体消毒和净化时的用量分别是 1～3 毫克/升和 10～20 毫克/升，漂粉精、二氯异氰尿酸钠、二氯异氰尿酸的用量是漂白粉用量的 1/2，三氯异氰尿酸的用量是漂白粉用量的 1/3。

（2）二氧化氯消毒　二氧化氯（ClO_2）常温下为淡黄色气体，能溶解于水中 2.9 克/升，制成无色、无味、无臭、不挥发的稳定性液体，且在 -5℃～95℃ 条件下具有良好的稳定性。

二氧化氯是一种广谱杀菌消毒剂和水质净化剂，可杀灭细菌、病毒、芽孢、原生动物和藻类，可作为池塘水体、鱼体消毒剂。作为消毒剂其用量通常为 5～10 毫克/升，使用前先将原液 10 份与柠檬酸或白醋 1 份充分混合并加盖于暗处混合 3～5 分钟后，全池泼洒。

（3）臭氧消毒　臭氧（O_3）在常温下是一种不稳定的淡蓝色气体，有特殊的刺激性气味。

臭氧在水中的氧化能力高于氯化物，它能破坏和分解细菌的细胞壁，并迅速扩散透入细胞内杀死病原体。其灭菌速度比氯化物快 300～600 倍，而且还可以分解一般氧化剂难以破坏的有机物，如可对水中污染物氨、硫化氢、氰化物等进行降解；在有杂质的水中臭氧即迅速分解，经臭氧处理后的水中没有消毒剂残留同时使水中含有饱和的溶解氧。

因此，在养殖上可用于工厂化育苗的循环水处理、大型水族馆的循环水消毒等。应用时应注意两个技术关键：①通常臭氧由臭氧发生器生成，生产出的臭氧必须在密封的反应室内，与水充分

混合，防止臭氧因混合时间短而逸出，因为臭氧有毒，对人体有害；②必须确定臭氧的最佳使用量和接触时间。不同的水质，其有机物含量不同。不同的用水要求，消毒的标准也不同。各类水产养殖用水的水质不同，因此，应用时必须先进行试验，确定最佳用量和接触时间。

三、养殖用水的生物处理方法

自然界中存在大量以有机物为食物的微生物。它们具有将有机物氧化分解成无机物的巨大能力。养殖用水的生物处理就是利用微生物的这种能力来处理水中的有机物。因此，必须为微生物在水中创造一个良好的生活环境，使微生物在这个环境中将水中有机污染物氧化分解，从而使水得以净化。

1. 生物膜法（生物学过滤法）

生物膜法是利用生长在填料（或滤料）表面的生物膜来处理废水。生物膜就是填料表层长满各种微生物的黏膜，依靠黏膜上大量微生物摄取废水中的有机污染物作为营养物质，从而使废水得到净化。养殖水质处理中常用的生物膜法有生物滤池法和生物转盘法。

（1）**生物滤池** 生物滤池就是在池内设置填料（或滤料），经充氧曝气后的废水以一定流速不断地通过填料，使填料上长满生物膜，以降解废水中的有机污染物。生物滤池的滤料早先与物理过滤的滤料相同，但一旦生物膜老化脱落后，其滤缝很容易堵塞，给冲洗带来困难。故目前生物滤池实际上大多均用填料代替。常用的填料有粒径为3～5厘米的煤渣和石砾（以多微孔的煤渣最佳，其表面积大，挂膜能力强）。近年来塑料工业发达后，已大量使用聚乙烯、聚酰胺材料制造的波形板式、蜂窝式、生物球式的填料。其特点是质轻、强度高、耐腐蚀，大小一致，其比表面积达100～200 $米^2/米^3$。

（2）**生物转盘** 由塑料盘片或小格组成圆形滚筒，代替固定的滤料或填料。盘格上挂有生物膜。其微生物的生长及降解有机物的机理同生物滤池。转盘一半浸入废物水中，一半露在空气中。当转动时，盘面依次通过废水并使空气中的氧气溶入水中，使生物膜中的微生物吸收和降解水中的有机物。生物转盘结构如图3-2所示。

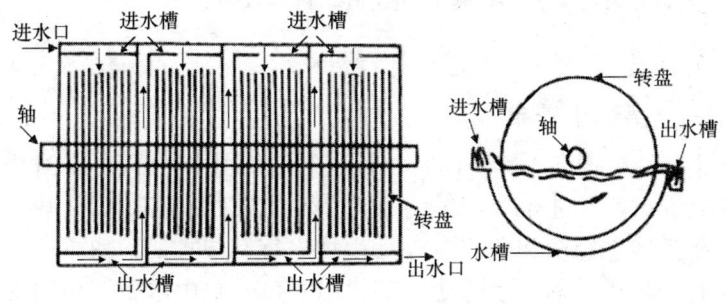

图3-2 生物转盘结构示意

2. 微生物净化剂

这是指利用某些微生物将水体或底质沉淀物中的有机物、氨氮、亚硝态氮分解吸收，转化为有益或无害物质，而达到水质（底质）环境改良、净化的目的。这种微生物净化剂具有安全、可靠和高效率的特点。目前，这一类微生物种类已有很多，通称有益细菌（Effective microbes），简称 EM 菌。常用的有光合细菌、"海可发"、"东江菌"、蜡状芽孢杆菌、硝化细菌等。在使用这些有益菌时，应注意以下事项：①严禁将它们与抗生素或消毒剂同时使用；②为使水体中的净化剂保持一定的浓度，最好在封闭式循环水体中应用或施用后3天内不换水或减少其换水量；③为尽早形成生物膜，必须缩短潜伏期，故应提早使用；④液体保存的有益细菌，其本身培养液中所含氨氮较高，也应提前使用。

3. 水生植物种植法

水体中氮、磷转化的一个重要环节是由水生植物所吸收，在采收这些水生植物产品时即移出了氮、磷。常用水生植物有沉水维管束植物，如苦草、轮叶黑藻、苋草、金鱼藻等；水生蔬菜，如水雍菜、菱、莲藕、茭白、芡实、慈姑等。它们可以有效地改善养殖水体的水质，降低养殖水体氨氮含量。

第三节　不同养殖模式水质调控要点

一、循环水养殖

进行鲟鱼循环水养殖期间，为达到养殖用水循环利用的目的，需要对养殖期间进入水中的残饵、鱼类代谢废物等有机颗粒物质、氨氮等溶解态物质和致病菌等微生物进行有效控制，使相应水质指标符合鲟鱼养殖用水需要。循环水鲟鱼养殖中水质调控的主要措施有物理方法、化学方法和生物方法。

1. 物理方法

以沉淀和过滤为主，用于去除养殖废水中的有机颗粒态物质。当养殖废水进入沉淀池，流速降低，粒径较大的残饵和代谢废物可以依靠自身重力下沉，脱离水体；粒径较小的有机颗粒物质，在短期内无法沉淀去除，需使用砂滤设备进一步过滤。通过沉淀和砂滤处理后的水体中有机物含量降至15毫克/升以下，达到鲟鱼养殖用水标准。

2. 化学方法

可采用氯制剂或臭氧发生器产生臭氧进行处理，用于去除养殖废水中的致病微生物，避免养殖过程中鱼病的发生与传播。其中又以臭氧处理效果较好，去除致病微生物的同时可以向水体中增氧，提高水体溶氧量，提高水体循环利用效率。

3. 生物方法

以生物膜法和水生植物种植法为主，用于去除养殖废水中的溶解态有机物和降低氨氮含量。通过建造生物滤池和人工湿地等设施，在养殖废水流经过程中，依靠生物降解和吸收，达到降低水中相应物质含量的目的，满足养殖用水循环利用的需要。

二、流水养殖

流水养殖是依靠水体的流动，为鲟鱼生长提供充足溶解氧，将养殖废物冲走，保持养殖池中水质清新。养殖中通过控制水体流量、流速和及时清除鱼类代谢废物的方法进行水体调控。

1. 水体交换量

养殖期间水体流动性越大，水体交换和更新速度越快，水质则越清新。同时，水体交换大意味着水流速度快，刺激鱼类顶水游动，会过多消耗养殖鲟鱼的体力，影响其生长。可通过定期测定排水口处水体溶氧量的方法，及时调整养殖池内水体交换量。当溶氧量小于5毫克/升时就应加大水体交换量，保证养殖池水体中溶解氧的供应。此外，要定期检查养殖池进、排水口，及时清除污物，避免堵塞，使水体正常流动。

2. 及时清污

在养殖期间，产生的残饵和鱼类代谢废物只有部分会被水流冲走，未被冲走的有机废物大量累积在池底，在分解过程中一方面会消耗水中氧气，同时会产生氨氮等物质影响鲟鱼的正常生长，养殖生产中应及时清除。在低温养殖季节，每2~3天清污一次；在高温养殖季节每天都要进行清污操作，有条件的情况下每天可进行两次清污操作。清污操作可以采用以下几种方法。

（1）虹吸法 适合于养殖池内外有一定地理落差的流水养殖池使用。用直径为2~5厘米的塑料管、滑轮、操作杆等几部分制作成吸污器。虹吸清污器使用如图3-3所示。使用时，用操作杆拖动吸污器在池底缓慢移动，将沉积在池底的污物虹吸排出，本方法具有操作简便、效率高和对鲟鱼影响小的特点。

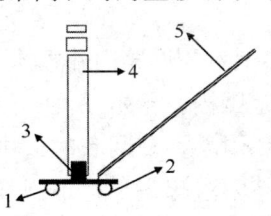

图3-3 虹吸清污器示意
1. 滑轮；2. 基座；3. 套管；4. 塑料软管；5. 操作杆

（2）**冲刷法** 养殖池内外水体落差小的流水池，无法采用虹吸法进行清污，可以使用排刷，将沉积在池底的污物刷起，同时拔掉排水管或打开排水挡板，使养殖池水体流速瞬间加快，将污物排出。

（3）**倒池清污** 采用以上两种方式，只能将养殖期间产生的大部分污物清除，但不彻底。养殖生产过程中可以结合分池并塘操作，将池水排干，用排刷对池底进行彻底清刷，并使用高锰酸钾等药物进行浸泡消毒，达到彻底除去污物和杀灭致病微生物的目的。

三、网箱养殖

网箱养殖鲟鱼，在选择好放养水域的前提下，日常养殖中影响到养殖水质变化的主要是饲料台代谢废物的分解和网衣堵塞减小网箱内外水体交换。因此，网箱养殖水质调控主要从以下两个方面入手。

1. 经常清洗饲料台

鲟鱼为下位口，在水层中摄食能力弱，在养殖期间为保证摄食和减少饲料的流失，在网箱内要加设饲料台，大量残饵和鱼类代谢废物会堆积在饲料台上，不断分解产生大量氨氮，导致箱内水质恶化，滋生病菌。针对这一情况，为保持良好水质，应经常清洗饲料台，并且每周将饲料台取出在日光下曝晒一次。

2. 定期清洗网衣

网箱养殖中，主要是利用网箱内外水体不断交换，保证网箱内水质在鲟鱼养殖适宜范围内。养殖期间，由于水中藻类、悬浮物和微生物在网衣上不断附着，使网衣的透水能力下降，影响网箱内外水体交换，使网箱内溶解氧等得不到及时补充，鱼类代谢废物不能被及时冲走，会严重影响鲟鱼的正常生长，严重时会导致鲟鱼死亡。因此，在养殖期间应定期清洗网衣，避免网眼堵塞，视养殖实际情况，每10～15天刷洗1次箱体，及时捞出网箱内的死鱼和网箱周围的污物，保持网箱内外水流畅通，水体交换良好，水质清新。

四、池塘养殖

池塘养殖一般都为小水体，其水体环境稳定性较差，且养殖过程中的残剩饲料、鱼的排泄物等很容易沉积于池底，所以池塘水环境条件易变化，水质管理难度大，应从以下几个方面入手进行水质调控。

1. 池塘选择

鲟鱼养殖池塘要求面积较大，池水较深，水源充足且畅通，水质清新无污染。选择适宜大小和水深的池塘，与养殖期间水质管理关系密切。通常，池塘面积大些，水面受风力作用容易产生流动，还能促进表层水与底层水的对流，从而增加水中溶氧量。池塘水深一些，鲟鱼可以选择其适合的水层活动。同时塘大水深，水质比较稳定，有利鲟鱼的生长。但池塘过大过深，则不利于水的交换，食物残渣及鱼的排泄物易于淤积，也不利于日常管理和操作。鲟鱼养殖池塘的面积一般以 0.3~0.7 公顷为宜，水深在 2.2~3.0 米之间；同时要求电力设施齐备，以保障养殖机械的正常使用。

2. 底质选择

土质对水质的影响很大。池塘的土质，以黏度和通气性适中的黑色土壤为好，保水能力强，有机物容易分解。黏土保水能力好，但容易板结，通气性差，容易造成水中溶解氧不足。砂质土容易渗水，保水性能差，且塘基容易崩塌。池塘经过一段时间的养鱼，在底部逐渐形成一层厚厚的淤泥，这是残剩的饲料、鱼类粪便和其他动植物尸体等不断沉积，与池底的泥沙混合而成的。淤泥过多，会消耗水中溶解氧，还会产生硫化氢、氨等有害物质，造成水质恶化，影响鲟鱼生长甚至引起死亡。因此，必须及时清去过多的淤泥，改善底质条件，才能保持良好的水质，适宜的底泥厚度以 15~20 厘米为宜。如果底泥过厚，在养殖开展前，可以将水排出，以人工或机械方式进行清除；在养殖期间，可以使用底质

改良剂进行清除。

3. 水源选择

池塘养殖鲟鱼可以选择河水、水库水和地下水作为水源。只要符合鲟鱼养殖用水标准，水质清新，水源充足，保障养殖过程换水的需要即可。养殖期间溶氧量至少要达到5毫克/升以上，透明度要大于30厘米。

4. 养殖期间水质调控

池塘鲟鱼养殖日常管理中的水质调控，主要采取定期冲水和药物控制等方式进行，使养殖水质达到"清"、"活"、"嫩"、"爽"，池水透明度始终保持在30~35厘米，水色呈嫩绿、黄褐色为最好。根据水质、水温、鱼体长等情况酌情确定换水量。当水体透明度小于25厘米或溶氧量低于5毫克/升时，应进行换水，换水原则是少换、勤换。在4—6月份每7~10天冲水一次；在7—9月份高温季节，最好天天补充部分新水，在冲水前应排出部分老水，每次换水量在20厘米左右。当养殖水体过肥，透明度低于30厘米时，结合换水调控水质的同时，可使用50毫克/升的生石灰化浆后全池泼洒，降低水层中有机物含量，提高水体通透性。在养殖期间可以通过适时开动增氧机械，给水体增氧，同时可以将水体底层产生的有害气体及时排出。

五、大水面放养

大水面养殖鲟鱼，在进行放养前，重点做好水质检测，看水质是否符合鲟鱼养殖用水标准。在养殖生产期间，主要依靠施肥量进行水质调控，使水色呈黄绿色为好，水体透明度在夏季养殖高温季节不宜低于30~35厘米。

第四章 鲟鱼的营养与饲料

内容提要：鲟鱼的营养需求；鲟鱼配合饲料；鲟鱼的饲料投喂技术。

第一节 鲟鱼的营养需求

一、蛋白质

许多学者的研究结果显示，不同种类的鲟鱼对饲料中蛋白质的需求比较接近。高首鲟（体重为145~300克）饲料中蛋白质最适含量为（40.5%±1.6%）。西伯利亚鲟（体重为22~47克）饲料中蛋白质的最适含量为（40%±2%），最高增重率需求为49%。施氏鲟仔鱼、稚鱼饲料中蛋白质含量要求为45%~55%，商品鲟对食物营养的要求较幼鲟低，饲料中蛋白质含量要求为36%~40%。中华鲟幼鲟饲料蛋白质的适宜范围为35.4%~49.1%，最适饲料蛋白含量为39.7%~44.6%。饲料中使用动物性蛋白质较植物性蛋白质好，动物性蛋白质易被鲟鱼消化吸收，而植物性蛋白质不容易被鲟鱼消化吸收。因此，饲料中的蛋白质应以动物性蛋白质为主，如鱼粉、肉骨粉和血粉等。

对鲟鱼必需氨基酸需求量的研究尚未见诸报道。一般来说，鱼体的必需氨基酸组成与鱼的必需氨基酸需求十分相似，据此可以估算鱼类的必需氨基酸需求量。据 Wing 和 Hung（1994）测定，四

种规格[（19.5±0.4）克，（57.8±0.9）克，（179.5±0.3）克和（535.4±19.7）克]的白鲟整体的氨基酸组成基本相同，但各组织及卵中的必需氨基酸含量显著不同，在肌肉中组氨酸和赖氨酸含量高，肝脏中胱氨酸和支链氨基酸含量高，鳃中异亮氨酸、亮氨酸和缬氨酸含量低而甘氨酸和脯氨酸含量高。

二、脂肪

脂肪主要作为能量来源用于水产动物饲料，其中适宜的蛋白能量比对水产动物的生长发育具有重要影响。Xu等（1993）用7种分别添加玉米油、鳕肝油、亚麻子油、大豆油、红花油、猪油以及混合油（玉米油：鳕肝油：猪油以1:1:1的比例混合）的等能量、等氮精制饲料饲喂白鲟9周，结果显示其增重无明显差异，说明鲟鱼对脂肪来源无特殊的要求。

研究表明高首鲟饲料的最适脂肪含量为9%；中华鲟幼鲟饲料的最佳脂肪含量为9.1%；施氏鲟幼鲟（12.9~17.2克）饲料的脂肪适宜含量为5.6%~11.4%，最适含量为7.5%。但陈海涛等（1998）研究表明在用配合饲料饲喂施氏鲟的试验中，饲喂蛋白质含量为39.8%和脂肪含量为9.5%的饲料，鲟鱼生长最快；而施氏鲟稚鲟（平均重为2.79克）摄食脂肪和蛋白质含量分别为9.2%和39.5%的饲料时，生长效果最好。

三、碳水化合物

与畜禽相比，水产动物对碳水化合物的利用能力较低，而且碳水化合物的来源不同其利用率也不同。中华鲟幼鱼饲料中最佳糊精含量为25.5%。白鲟摄食D-葡萄糖含量7%以上的饲料比摄食未添加D-葡萄糖的饲料，其体重显著升高，但对体蛋白和蛋白积累几乎没有影响。白鲟摄食含28%和35%D-葡萄糖的饲料后，其脂肪合成酶活性是摄食未添加和添加7%D-葡萄糖饲料白鲟的2~3倍。施氏鲟饲料中碳水化合物的需要量，与一般肉食性鱼类相近，大约为12%。

鲟鱼对不同类型碳水化合物的具体利用情况为如下。

①相同条件下饲喂葡萄糖和麦芽糖，鲟鱼血液中葡萄糖的浓度高于其他动物。

②在分别饲喂葡萄糖和半乳糖后，鲟鱼血液中半乳糖的最高浓度和葡萄糖的最高浓度接近，只是半乳糖最高浓度的出现比葡萄糖晚8小时。

③在饲喂双糖4~20小时后，鲟鱼血液中可以检测到少量双糖。同时鲟鱼对碳水化合物的利用在很大程度上受投饲方式的影响（一天投喂两次或一天中连续投喂）。

鱼类大多不能利用纤维素或利用率很低，鲟鱼饲料中含有少量纤维素（2%~4%）对促进生长和提高饲料利用率有一定作用。Hung（1989）建议高首鲟饲料配方中纤维素含量为3%。

四、维生素

有关对鲟鱼的维生素和矿物质等微量营养需求的研究十分有限，只对维生素C和胆碱两种维生素的需求作了研究。通过测定组织中古洛糖酸内酯氧化酶活性以及生长试验来研究美洲鲟对维生素C的需求，结果表明，美洲鲟的生长和维持组织水平都不需要维生素C。美洲鲟稚鱼的胆碱需求量为0.17%~0.32%。由于其他因素会影响到鲟鱼对胆碱的需求，所以，鲟鱼饲料中胆碱的适宜添加水平为0.4%~0.6%。

Hung等（1991）报道过饲料中添加0.17%~0.32%的胆碱能促进幼鱼的生长。现生产上多在饲料中添加复合维生素，添加量为1%~2%。

鲟鱼是一种摄食缓慢的鱼类。考虑到投喂的饲料在被鲟鱼摄食前，饲料中的一部分维生素和矿物质会在水中溶解消失，因此，鲟鱼饲料中维生素的添加要比实际需求量高一些。

五、矿物质

鱼体内的各种元素，除碳、氢、氧、氮外，其他元素一般都统称为矿物质，又称无机盐。

鱼类可通过消化道和鳃吸收矿物质。鳃主要从水中吸收溶解的

矿物质，但对不同的离子吸收程度不同，一般阳离子较阴离子易于被吸收，化合价低的离子比化合价高的易于被吸收，故鱼类可从水中吸收钙以满足代谢需要，但如果水中钙含量低于5毫克/升时，则须在饲料中添加钙。此外，鱼类对钙的吸收还受钙在水中溶解度大小、饲料中维生素D的含量多少影响。鱼类对磷的获得只能从食物中摄取，故配合饲料中必须添加磷。在对钙的需求量已得到满足的条件下，随着磷的含量的提高，鱼生长速度加快。鱼对磷的利用率依磷酸盐种类的不同而有差异，其中以磷酸氢盐和磷酸二氢盐的利用效果最好。鲟鱼属有胃鱼类，对饲料内鱼粉中的磷利用率较高，但对植物原料中磷的利用率不高。

矿物质是构成鱼体组织的重要成分，能促进鱼的骨骼和肌肉等组织的生长，维持机体正常生理功能。钙和磷是骨骼与鳞片的重要成分，钙、磷缺乏，会引起鱼的骨骼发育不良，出现软骨病。但在饲料中添加过多矿物质会引起鱼的慢性中毒，抑制酶的生理活性，从而引起鱼在形态、生理和行为上的变化，影响其正常的生长。

鲟鱼的饲料可根据饲料源及成分组成，必要时添加适量的矿物质，目前生产上一般在饲料中添加1%～2%的复合无机盐。

第二节　鲟鱼配合饲料

一、配合饲料的分类

1. 颗粒饲料

颗粒饲料呈短棒状，颗粒直径根据鱼体大小而定，一般在2～8毫米之间。根据加工方法和成品的物理性状，又可分为软颗粒饲料、硬颗粒饲料和膨化（或发泡）颗粒饲料三种。适合鲟科鱼类养殖用的主要为前两种，匙吻鲟可使用最后一种。

（1）软颗粒饲料　软颗粒饲料含水率在25%～30%，颗粒密度为1.0克/（厘米）^{3}左右，质地松软，水中稳定性较差。一般采用螺杆式软颗粒饲料机生产。在常温下成型,营养成分无破坏,容易消化。但由于软颗粒饲料含水较多,不易贮存,只能随制随用,适合养殖场自产、自用。

制成的软颗粒饲料稍微烘干或晾干后,含水量降至20%左右,制成半湿性颗粒饲料,可以延长保存和使用期。半湿性颗粒饲料可1~2周加工一次,然后保存在冰箱中冷藏备用。

(2) **硬颗粒饲料** 硬颗粒饲料含水量在12%以下,颗粒密度为1.3克/(厘米)³左右。其加工从原料的粉碎、混合到成型制粒都是连续机械化生产。在成型前蒸气调质,制粒时温度可达80℃以上。机械化程度高,生产能力大,适宜大规模生产。硬颗粒饲料的颗粒结构细密,在水中稳定性好,营养成分不易溶失,属沉性饲料。为鲟鱼养殖中的主要饲料类型。

(3) **膨化饲料** 含水量在6%左右,配方要求淀粉含量在30%以上,脂肪含量在6%以下。原料经充分混合后通入蒸气加水,送入机器主体部分,由于螺杆压力和机械摩擦使温度不断上升,直到120~180℃。当饲料从模孔中挤压出来后,由于压力骤然降低,体积膨胀,形成结构疏松、牢固的发泡颗粒。颗粒密度低于1.0克/(厘米)³,属于浮性饲料。膨化饲料能长时间漂浮于水面,便于饲养管理,有利于节约劳力,同时有利于提高饲料消化吸收和利用率。

2. 微粒饲料

微粒饲料也称微型饲料,是20世纪80年代中期开发出来的一种供培育仔鱼及稚鱼使用的新型配合饲料。其特点是:原料经微粉碎,成品颗粒小,营养丰富,高蛋白质,低糖,脂肪含量为10%~13%,充分满足幼苗的营养需求,且易被消化吸收。微型饲料可作为轮虫、枝角类等动物性活体饵料的代用品,供仔鱼饲育使用。

3. 粉(糊)状饲料

粉状饲料是将各种饲料原料粉碎到一定程度,按配方比例混合后进行包装。使用时将粉状饲料加适量的水和油充分搅拌,形成具有黏结性和弹性的团块状饲料,使其在水中不易溶散。

二、配合饲料的原料

常用的配合饲料的原料主要有：动物性原料，如鱼粉、乌贼粉、肉粉、血粉等；植物性原料，如花生饼、大豆饼、面粉等；此外，还有维生素添加剂和矿物质添加剂等。

1. 鱼粉

鱼粉是一种营养成分很高的动物性蛋白源，质量比较稳定，各种必需氨基酸的比例较为平衡，也是多种维生素和矿物质的重要来源。鱼粉一般含有15%～19%的矿物质，富含维生素E，维生素B_2，维生素B_{12}。鱼粉分白色鱼粉和褐色鱼粉，前者蛋白质含量为60%～70%，脂肪含量为2%～6%，还含有大量的赖氨酸、蛋氨酸等必需氨基酸。后者蛋白质含量在62%以上，脂肪含量为7%～10%。

2. 乌贼粉

乌贼粉是一种优质蛋白原料，对鱼类具有较强的诱食性，氨基酸组成较平衡，特别是雄性生殖腺富含精氨酸和组氨酸，是鱼类的必需氨基酸。类脂质含量为5%～8%，其中含有较多的胆固醇、磷脂质、维生素和钾等，与维生素C合用增重效果好。

3. 肉粉、肉骨粉

肉粉、肉骨粉是畜禽加工中的废弃物经干燥脱脂而成。其原料包括不能食用的动物内脏、废弃尸体、胚胎及经消毒的病死畜禽等，一般呈灰黄或深棕色。由于其原料质量不稳定，因而营养成分差异较大。一般将粗蛋白含量较高、灰分含量较低的称为肉粉，而将粗蛋白含量相对较低、灰分含量高的称为肉骨粉。

4. 虾糠（壳）粉

虾糠粉是加工海米、虾仁的副产品，如虾头、尾、步足、游泳肢、壳和少量肉的混合物，一般含蛋白质26.0%左右，含类脂质2.5%，含无机盐40.0%，富含磷和磷脂质，含胆固醇1.0%左右，还含有微量金属、维生素和虾黄素。虾糠粉的提取物对鱼类的诱食性强。

5. 血粉

血粉主要将猪血等血液经脱水、加热、蒸气处理，干燥、粉碎而成。血粉中含蛋白质达 80.0% 以上，类脂质 3.0% 左右，矿物质 6.4%。氨基酸含量丰富，特别是色氨酸和赖氨酸的含量很高，含有维生素，特别是烟酸、维生素 B_2 和维生素 B_{12} 含量较高。具有腥味，有一定的诱食性。

6. 蚕蛹

蚕蛹是蚕茧缫丝后的副产品。干蚕蛹含蛋白质可达 55%~62%，且赖氨酸、色氨酸、蛋氨酸等必需氨基酸含量丰富。但蚕蛹粗脂肪含量很高，不易储藏。另一方面，长期大量使用蚕蛹养鱼，会对鱼产品风味构成不良影响，因此，在饲料配方中蚕蛹的用量不宜超过 10%，在鱼起捕前半个月应停止使用含蚕蛹的饲料。

7. 大豆饼（粕）

大豆饼是所有饼粕中数量最多的一种，含蛋白质为 40.0%~45.0%，类脂质为 3.5%~4.5%，糖为 25.0%，灰分为 4.5% 和少量的维生素。大豆含有抗胰蛋白酶、血球凝集素、脲酶等物质，能降低动物对蛋白质的消化吸收率，但经加热蒸煮后，则可提高蛋白质的消化率。

8. 花生饼（粕）

花生经压榨制油后的残渣称花生饼，经溶剂脱脂后的残渣称花生粕，花生饼（粕）是常用的植物蛋白饲料。饼比粕含油量略高，蛋白质含量略低，花生饼（粕）含蛋白质约为 40.0%~50.0%，类脂质为 5.0%~8.0%，糖为 25.0%，粗纤维为 8.3%，灰分为 6.5%。氨基酸较全，但蛋氨酸、苏氨酸、赖氨酸含量稍显不足，谷氨酸、精氨酸含量高。单独使用氨基酸平衡性差，但与鱼粉、乌贼粉等配合使用能起到互补作用。花生饼存放期间应注意防止霉变。

9. 麦类和麦芽

大麦或小麦的胚芽粉有较高的蛋白质含量（25%~30%），含粗脂肪 7%~12%，还含有丰富的维生素 E 和 B 族维生素，但小麦

粉或面粉含淀粉多，蛋白质含量只有14%~17%。鲟鱼配合饲料中，主要利用麦类的面筋作补充蛋白源和黏合剂，麦芽则是利用其含有的多种维生素。成鲟饲料中也可用麦粉作为能量来源。

10. 玉米及麸质粉

玉米含淀粉70.0%以上，含粗蛋白8.0%~10.8%。玉米含粗纤维较稻麦少，消化性好。玉米通过加工提取掉大部分淀粉等物质后可得玉米面筋饲料，粗蛋白含量达到21.0%~23.0%。玉米面筋饲料再加工去掉麸皮可得玉米麸质粉，粗蛋白含量可达41.0%~43.0%，可作为鲟鱼饲料的补充蛋白源，并可补充饲料中的维生素。

11. 酵母粉

酵母粉是用于工业发酵的微生物原料，富含蛋白质，氨基酸组成非常好，尤其是赖氨酸含量丰富，同时也是维生素、无机盐的优质来源，还含有类脂质、糖和未知生长因子。但含硫氨酸和维生素A少。酵母一般含粗蛋白45.0%，粗脂肪1.0%，粗纤维2.0%~7.0%，灰分8.5%。

12. 维生素添加剂

渔用饲料中常用的维生素添加成分有维生素A、维生素D_3、维生素E、维生素K、维生素B_1（硫胺素）、维生素B_2（核黄素）、泛酸、烟酸、维生素B_6、叶酸、维生素B_{12}、维生素C（抗坏血酸）、生物素、肌醇、胆碱等。添加时应先进行稀释，然后将其混合成使用量为1%的混合物，加入饲料中搅拌混合。

13. 矿物质添加剂

渔用饲料中必须添加的矿物质有磷酸二氢钙、碳酸镁、氯化钠、氯化钾、硫酸亚铁、硫酸锌、硫酸锰、硫酸铜、硫酸钴、碘化钾、亚硒酸钠等。

三、饲料配方

鱼类对饲料中的营养物质是按一定的比例吸收利用的，营养物质含量过多会造成浪费，含量过少不能满足鱼类的营养需求。因此，必须根据鲟鱼的营养生理特性，采用科学的方法把多种饲料原料配合起来，使各种营养物质相互补充，才能配制出营养全面、均衡的优质饲料。

1. 鲟鱼饲料的基本营养组成

俄罗斯学者 Sudakov 等 1997 年成功研制出两种鲟鱼专用饲料（OST-4号、OST-2号），使用效果较好。OST-4号的主要组成为：蛋白质含量50.0%，脂肪含量8.0%，碳水化合物含量16.0%，纤维素含量1.1%，适用于幼鲟体重12~15克至25~40克阶段。OST-2号的主要组成为：蛋白质含量46.0%，脂肪含量12.0%，碳水化合物含量30.0%，纤维素含量1.6%，适用于鲟鱼体重40克至成鱼养殖阶段。

2. 鲟鱼饲料配方

鲟鱼的营养要求因种类、发育阶段不同而有差异，因此，各种鲟鱼饲料的配方也不尽相同。下面列出几种常见鲟鱼饲料配方，仅供参考。

（1）施氏鲟鱼苗人工配合颗粒饲料配方　鱼粉55%、豆饼粉9%、酵母粉8%、水蚤干粉18%、小麦粉3%、卤虫粉1%、蛋白粉5%、添加剂1%。该饲料含粗蛋白48.1%、粗脂肪15.3%。

（2）施氏鲟鱼苗开口料配方　鱼粉54%、血粉9%、骨肉粉7%、水解酵母8%、干乳5%、绿苜蓿蛋白维生素浓缩物10%、活性生物质混合物1%、抹香鲸脂肪6%。该饲料含粗蛋白53.21%、粗脂肪11.98%、碳水化合物总量8.82%。其他鲟鱼苗种饲料可参照此配方进行配制。

（3）鲟鱼成鱼颗粒饲料配方　鱼粉37.0%、蚕蛹粉15.0%、血粉15.0%、酵母粉9.5%、小麦粉17.0%、玉米粉4.0%、添加剂预混料2.0%、黏合剂0.5%。该饲料蛋白质含量为40.0%~45.0%。

（4）鲟鱼成鱼软颗粒饲料（含水率约为30%）　红鱼粉38.5%、淀粉18.0%、酵母5.0%、面粉7.5%、膨化大豆10.0%、豆粕16.0%、多矿粉2.0%、添加剂3.0%。该饲料蛋白质含量达38.7%。

四、饲料配制

自身没有加工能力的鲟鱼养殖场,可以从市场购买鲟鱼商品饲料使用。具备饲料加工能力的养殖生产单位,可以自行加工制作鲟鱼饲料,以降低养殖生产成本、提高饲料转化效率。饲料配制过程大体如下。

1. 制订饲料配方

根据养殖鲟鱼不同种类、同种鲟鱼不同发育阶段的营养需求和饲料类型(软颗粒、硬颗粒)制订配方。

2. 精选原料

选择蛋白质含量高、质量好的原料作为幼鲟饲料的原料,质量稍差一些的原料作为成鲟饲料原料。

3. 粉碎、过筛

把原料粉碎、过筛后加工成粉末状,一般幼鲟饲料粉碎粒度要求为80~90目,成鲟饲料粉碎粒度要求为50~70目。

4. 样品分析

测定加工粉末的营养成分,包括粗蛋白、粗脂肪、氨基酸、维生素、矿物质含量等。

5. 添加添加剂

按照分析结果,确定添加剂的成分和数量,并均匀混合备用。

6. 混合、制粒

先将各粉状原料、黏合剂、添加剂混合均匀,再加入油脂和水混匀,根据需要制成软硬、大小不同的颗粒。

第三节 鲟鱼的饲料投喂技术

鲟鱼投饲技术应按"四定"原则进行,即:定质、定量、定时、定位。

定质：饲料要求"精而鲜"。所谓"精"，就是按营养指标配制。所谓"鲜"，就是要求饲料新鲜清洁，腐烂变质和发霉的饲料绝不能用于投喂。

定量：投饲量应根据鱼体大小、不同季节、不同时间等，给以适当的配合饲料数量。

定时：固定时间投饲，能使鱼类养成按时吃食的习惯，又便于掌握鱼类吃食情况。

定位：饲料的投放应在固定的位置设立食台或食场，或在固定的位置泼撒，使鱼可在固定位置觅食，以便观察和掌握鱼类摄食情况。

在坚持以上"四定"原则进行投喂时，有条件的渔场应做到专人专池管理，即在投饲环节做到"定人"，可以掌握鲟鱼每天摄食、活动情况，当鱼类出现异常状况时，能够及时发现并采取相应措施进行管理。

除上述投饲的一般技术及应遵循的原则外，鲟鱼的摄食，除种间差别外，还受个体大小、健康状况和环境条件等多方面因素的影响。因此，根据鲟鱼的生物学特性，结合实际养殖环境条件，采用正确的投喂方法，这对促进鲟鱼的生长，提高饲料的利用率和转化率，增加生产经济效益都是非常重要的。

一、投饲量的确定

1. 根据鱼的重量和数量来确定

日投饲量要根据投饲率和鱼的重量来确定。所谓投饲率，即日投饲量占鱼体重的百分比。稚鲟鱼、幼鱼培育期间的投饲率一般为6%~12%，而成鱼养殖时投饲率则为2%~4%，即鱼个体越大，投饲率越小。要根据鱼的重量来确定日投饲量，不仅要知道鱼的体重，还必须了解鲟鱼的现存数量，才能计算鱼的总量。现存鲟鱼的总重量可根据下式进行估算：

现存鲟鱼总重量 = 鱼的体重 × 放养苗种尾数 × 存活率

鱼的体重可采用抽样法测定：从鱼池（网箱）中随机捕出10~20尾鲟鱼，称出每尾鱼的体重，然后把所称的鱼体总重量除

以所称的鱼的尾数即得出现存鲟鱼的平均体重。根据上式进行估算,除鱼的体重外,还要知道放养苗种数和存活率。当初放养时的苗种数是有记录可查的,而存活率则较难掌握。工厂化养殖或网箱养殖时,因养殖空间小,鲟鱼相对集中,只要日常注意观察记录鱼的死亡情况,其存活率比较容易掌握。池塘养殖时,因池塘面积大,水深,加上放养密度小,所以存活率就不好掌握。可以采取试捕的方法进行估算,常用旋网定量法,即根据网口面积和每次撒网所捕获的鱼的数量计算出每平方米鱼的数量,再乘以池塘面积,就可大体上掌握池塘中在养鲟鱼的总数。试捕时为减少劳动强度和提高精确度,可适量排水以降低池塘水位。如能隔一段时间试捕一次,同时检查鲟鱼生长情况,根据鲟鱼个体大小分池养殖,并调节养殖密度,这样更有助于鲟鱼的生长及日后的管理。

2. 根据鱼摄食的情况来定

投饲后,应仔细观察鱼的摄食情况。如果饲料很快被吃光,说明投饲不足,应适当增加投饲量。反之,投饲后,较长时间仍吃不完,剩余饲料较多,即应减少投饲量。池塘养殖时,每天傍晚和次日早晨各检查一次饲料台,一般以饲料略有剩余为宜。

3. 根据季节和水温情况来定

鲟鱼是变温动物,在适宜的水温范围内,其代谢率随水温的升高而增大,摄食量也随之增大。此时投饲率可按水温每升高1℃,增加0.1%~0.2%的比例调节。冬季或早春气温低,鲟鱼摄食量减少,要少投喂;夏季水温升高,鲟鱼食欲增大,要增加投饲量。但一旦水温超过适温范围,鲟鱼代谢率趋平甚至下降,应减少投饲量。必要时暂停投饲。

4. 根据天气情况来定

室外池塘养殖在天气晴朗时可多投饲,阴雨天、雷雨季节应少投饲。天气闷热、气压低、雾天或雷阵雨前后应暂停投饲。

5. 根据水质情况而定

与其他养殖鱼类相比,鲟鱼对水质条件的要求较高。判别水质情况最好的指标是溶氧量。幼鱼培育时要求溶氧量在6毫克/升以上，成鱼养殖时要求保持在5毫克/升以上。溶氧量过低时鲟鱼摄食量下降，应减少投饲。池塘养殖时，也可结合观察水色和透明度来判别水质状况。水色浓，透明度小，应减少投饲量。水色浅、透明度大，可适当增加投饲量。

6. 根据饲料种类来确定

不同饲料其含水量及营养价值不同，投喂时要根据通常的投饲率标准进行折算。一般投饲率都以饲料干重计，生产上以含水量较少的硬颗粒饲料为标准，其他饲料折算成硬颗粒饲料的比例为：软颗粒饲料2:1；活动物饵料、新鲜或冷冻杂鱼（4~5）:1。

二、投喂次数和时间

日投饲量确定后需要将一天的总量分成几次来投喂。一般情况下，稚鱼、幼鱼培育期间每天投饵4~6次，成鱼养殖时每天投饲3~4次。有的种类，如施氏鲟，夜间摄食量多于白昼，所以早晚可多喂，占日投喂总量的2/3，白天则少喂，占日投喂总量的1/3。

三、投喂方法

投饲方法分人工投饲和机械投饲两种，其中人工投饲可清楚观察到鱼的摄食状况，对每个池塘，每个网箱可灵活掌握投喂量，有利于提高饲料效率。投喂饲料应遵循定时、定位、定质、定量的原则。网箱养殖时投喂饲料切勿居高临下抛投，应使投喂时溅起的水花越小越好。在养殖过程中，网箱内的鲟鱼若受外界的惊扰而处于不安状态时，应暂停投饲。池塘养殖时，投饲必须有固定的位置，使鲟鱼集中到固定的地点摄食，便于检查摄食情况和残剩饲料的清理。可在池塘内设置一个或数个食台，把饲料投在食台上。如无食台，也可投在池内边底质较硬且无淤泥的固定地点，形成固定的食场，效果也较好。

苗种或养殖成鱼达到一定规格后，在运输前，应停止喂饲2~

3天，以免运输途中因排泄物过多而污染水质，增加死亡率。

四、饲料投喂技术

1. 投饲与温度的关系

鱼的摄食率与水温和鱼体大小有十分密切的关系，因此，养殖期间的适宜投饲率应随养殖水温和鱼的大小而调整。一些研究结果显示，水温在14～17℃时，3～40克的幼鲟配合饲料的适宜投饲率为体重的5%左右；水温在13～15℃范围时，70～140克的幼鲟配合饲料的适宜投饲率为体重的2%左右；鲜活饵料的投饲率为6%～10%，甚至更大。养殖生产中，在春、秋两季中华鲟的适温范围，投饲率可略高，为2%～3%，而冬、夏两季水温低于14℃和高于28℃时，投饲率可略低，为1%～2%。春季从13℃开始，随水温升高投饲率逐渐增加，夏季水温28℃以上又要逐渐减少。

2. 投饲与个体大小的关系

在同样温度下，个体小，生长速度快，代谢旺盛，投饲率高；个体大，投饲率低。

3. 投饲与鱼体生长的关系

经过一段时间的养殖，随着鱼体增长，投饲量要相应增加，一般应每周增加一次。

4. 投饲与水质的关系

鲟鱼摄饵后要消耗大量的氧，水中溶氧量在3毫克/升以下时鲟鱼停止摄食，饱食后溶氧量降到3毫克/升以下极易引起死亡。因此，当水中溶氧量降低时应减少投饲。

5. 投饲与病害的关系

发生病害时要减少投饲，某些药物影响鱼的食欲，所以用药后也要减少或停止投饲。

6. 投饲与气候的关系

气候除影响水温的波动外还影响水中的溶解氧。气候多变时要减少投饲,特别是夏季雷雨前闷热。气压低时和冬季寒流袭击、气温骤降之前不能按原来标准投饲,而应减少。

7. 投饲与饲料质量的关系

中华鲟的摄食较慢,因此,配合饲料的投喂次数以少量多次为宜,从满足鱼的摄食习性和安排生产方便考虑,每日从07:00—21:00投喂6~8次为宜,春、秋季节鱼摄食旺盛时次数宜多些,冬、夏季节食欲不佳时次数可少些。配合饲料的干物质充足,营养全面,所以能以较低的投饲率获得较高的体重增长。根据一些养殖场的养殖结果来看,普通流水养殖条件下,配合饲料(包括鲟鱼饲料、鳗鱼饲料、甲鱼饲料)的饲料系数一般为0.8~1.8,天然饵料和加工副产品的饲料系数一般为8~15;采用粉状饲料养殖时在加工制粒前添加3%~5%的油脂效果更好。

第五章 鲟鱼商品鱼健康养殖技术

内容提要：流水养殖；网箱养殖；生态循环水养殖；池塘养殖；大水面放养。

鲟鱼商品鱼养殖是指将全长为 10~20 厘米的鲟鱼苗种养殖至各种规格的成鱼。由于各地消费习惯和商品鱼的最终利用目的不同，市场上销售的商品鲟鱼规格差别较大，鲟鱼规格达到 0.75 千克/尾时即可上市销售，规格达到每尾几十千克的鲟鱼也有很大的市场，而生产鱼子酱的鲟鱼规格则更大，要求将雌性鲟鱼养殖到性腺成熟规格。根据生产商品鱼的规格要求，其生产周期也有很大差异，养殖小规格商品鱼的生产周期最短 3 个月，养殖生产鱼子酱的商品鲟鱼一般需 7~10 年。

鲟鱼商品鱼养殖模式有流水养殖、网箱养殖、生态循环水养殖、池塘养殖和大水面养殖。流水养殖、网箱养殖和生态循环水养殖均是集约化养殖模式，高投入，高产出，对养殖技术要求较高，适合各种鲟鱼养殖；鲟鱼池塘养殖类似于常规鱼类池塘养殖，特别适合匙吻鲟养殖，养殖其他鲟鱼品种效果较差；鲟鱼大水面养殖为放牧式养殖，适合养殖各种鲟鱼品种的大规格商品鱼或养殖生产鱼子酱的鲟鱼。

第一节 流水养殖

鲟鱼流水养殖是以无污染的江河、湖泊、水库或深井水等为水源，通过机械提水或利用水位、地形的自然落差，保持鱼池水体的适宜流速和流量的开放式流水养殖方式，其水流从进水口进入鱼池，从排水口直接排出或不经过水处理过程直接流到下一级鱼池使用，养殖水不重复使用或少部分循环使用。这种养殖方式主要通过水库底部水或深井水调温等措施，使养鱼池中水的温度始终保持在适宜鲟鱼生长的温度范围内，采用机械充气增氧或直接充入纯氧，使池水中保持丰富的溶解氧，从而为鲟鱼快速生长创造最佳的水域环境。因此，其具有占地面积小、集约化程度高、便于管理、水体环境易于控制等优点，是我国目前普遍采用的鲟鱼养殖方式之一。一般产量可达 $25\sim30$ 千克/米^3。

一、养殖设施

1. 水源和水质

凡符合鲟鱼养殖水质标准的江河水、泉水、湖泊和水库水、地下水均可作鲟鱼养殖水源。因鲟鱼为亚冷水性鱼类，水源的常年水温变化应符合所养鲟鱼品种的生长和生存需要，理想水源的常年水温变化范围在 $10\sim28$℃ 之间。有些水库水或江河水在夏季水温偏高、冬季水温偏低，但水质优良，水量充沛，为克服水温的瓶颈制约效应，常常增加地下水作备用水源调节水温。地下水常年水温在 $16\sim20$℃ 之间，作为备用水源在冬季或夏季调节水温，可节约升温、降温成本。水源的水量应达到设计养殖规模所需水量。在水库大坝下游、山泉和溪流下游建造鲟鱼养殖场，还可利用水位落差采用自流自排，降低能耗。所有水源都必须经过预处理方可使用，如沉淀、曝气、过滤等。

2. 鱼池

养殖商品鱼的流水池多为水泥池，池体形状有圆形、椭圆形、矩形圆角和八角形等，面积以 $100\sim200$ 平方米为宜，池深为 $1.5\sim1.8$ 米。进水口位于池侧边上方，排水口位于池底中心，池底向排水口处的坡降为 $3\%\sim5\%$。池底和池壁用水泥抹面、贴瓷砖或用无毒防水涂料处理，保持池壁光滑。圆形、椭圆形和八角形鱼池结构如图 5-1 至图 5-3 和彩图 20 至彩图 22 所示。

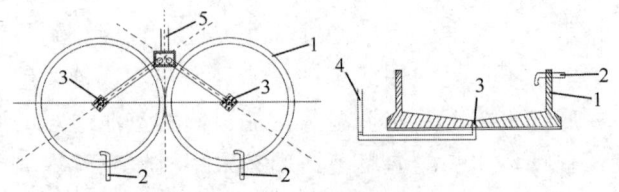

图 5-1 圆形鱼池结构示意

1. 池体；2. 进水管；3. 排水管；4. 水位控制立管；5. 排水渠

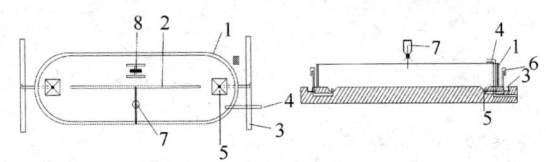

图 5-2 椭圆形鱼池结构示意

1. 池体；2. 中间隔墙；3. 排水渠；4. 进水管；5. 排水口；
6. 排水管；7. 投饵机；8. 增氧机

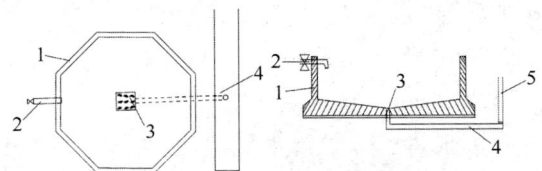

图 5-3 八角形鱼池结构示意

1. 池体；2. 进水管；3. 排水口；4. 排水管；5. 水位控制立管

3. 其他设施

包括水塔、过滤设施、增氧设备等，有自然落差的养殖场不必建造水塔，如井水含铁较高或其他水源较浑浊需加装过滤设施，在水源水量受限的养殖池，应加设增氧设备。

二、生产管理

1. 鱼种放养

（1）**鱼池消毒** 鱼种放养前鱼池应严格消毒。新建水泥池使用前应浸泡2周以上，然后清洗消毒。玻璃钢鱼池和已经使用过的其他鱼池放养前只需清洗消毒。消毒药物可用含氯制剂或高锰酸钾，消毒方法可采用药液浸泡，用漂白粉消毒的最终水体浓度为10克/米³，高锰酸钾消毒的最终水体浓度为20克/米³，浸泡时间为4～6小时。消毒后的鱼池须用清水再冲洗，去掉药物残留，然后注入新水待用。

（2）**放养时间和操作** 放养的具体日期确定应参考天气预报，选择在没寒流、无风雨的晴天起捕苗种、装运、放养，可尽量减少鱼种受到伤害。本场培育的鲟鱼苗种，起捕、放养都比较容易，鱼体损伤少，成活率高。外地购入的鲟鱼苗种，必须监测双方养殖池内的水温，池水温差不能大于5℃，否则，会使鲟鱼苗种入池时产生温差应激反应，严重时会造成大批死亡。同时在拉网操作、装卸过程中应该仔细小心，避免损伤鱼体。

（3）**苗种选择和消毒** 鲟鱼苗种采购或自养苗种放养均应检查其体质状况。优质苗种体形匀称，体质健壮，规格整齐，无伤残，无病害；表现为鳍条舒展，鳃丝鲜红，体色自然，腹部无凹陷，游泳能力强，摄食正常且均已转化为吃食人工配合饲料。鲟鱼苗种入池前还须用2%～3%的食盐水浸泡消毒10分钟。

（4）**放养密度** 应根据不同鲟鱼品种，不同规格以及养殖设施的水体交换量确定具体放养密度。其中，水体交换量是决定流水池单产水平的主要因素，即水体交换量较大时单产相应较高，同时，在流量充足的前提下，放养密度较大时其单产相应较高，然而，随着养殖密度的增加，鱼类活动空间过小，对鲟鱼生长的不利影响会逐步增强。从增重效果、饲料利用率、养殖成活率及产品规格一致性等指标综合评价，养殖密度大并非一定有利。不同规格鲟鱼流水养殖适宜放养密度见表5-1。

表 5-1 鲟鱼流水养殖放养规格与密度

规格/(克·尾$^{-1}$)	5~30	30~100	100~500	500~1 500	1 500~3 000	3 000~5 000	5 000~10 000
放养密度/(尾·米^2)	100~150	50~100	30~40	9~11	7~9	5~7	2~3

2. 饲料与投喂

鲟鱼鱼种在放养前均已完成转食过程，成鱼养殖完全投喂人工配合饲料，所以饵料的质量、数量在得到充分保障的前提下，还应注意饵料的适口性，以降低饵料系数。养殖的鲟科内的种及其杂交种以沉性硬颗粒饲料为主，白鲟科的匙吻鲟以浮性颗粒饲料为主。市面上有多种鲟鱼专用配合饲料，总的要求是饲料大小适口，营养全面。不同规格的鲟鱼对饲料粒径的要求见表 5-2。

表 5-2 不同规格鲟鱼对饲料粒径的要求

规格/(克·尾$^{-1}$)	5~30	30~100	100~500	500~1500	>1 500
饲料粒径/毫米	2.0~2.5	2.5~3.0	3.0~6.0	6.0~10.0	10.0

饲料投喂应遵守"四定"原则，即定质、定时、定点和定量。日投喂数量和次数应根据水温和鱼的规格不断调整。

（1）**日投饲量** 通常计算日投饲量的方法是以池中全部鲟鱼的总体重乘以日投饲率。例如，池内鲟鱼的总重量为 150 千克，则 150 千克×2%（日投饲率）等于 30 千克，30 千克即为该池当日的投饲量。鲟鱼成鱼阶段的日投饲率在 0.5%~2.5% 之间变动，主要是根据池中鲟鱼大小、不同的生长阶段以及不同品牌饲料，灵活掌握投饲量。不同规格鲟鱼在适宜温度，良好水质条件下的日投喂率见表 5-3。当然在实际操作过程中，还应根据天气的变化、池内水温、水质变化、当日池中鲟鱼的摄食情况等灵活掌握。

天气晴朗、水温适宜、水体溶氧量充足、水质良好、鱼类摄食旺盛时应多投,否则,应适量少投。

表5-3　不同规格鲟鱼日投饲率

规格/(克·尾$^{-1}$)	5~30	30~100	100~500	500~1 500	>1 500
日投喂率/%	2.5	2.0~2.5	1.5~2.0	1.0~1.5	0.5~1.0

（2）投饲次数　鲟鱼流水养殖过程中,每天饲料应分多次投喂,这有利于鲟鱼均衡摄食,减少饲料的浪费,提高饲料的转换效率。日投饲次数应依据鱼体的大小、水温的高低、鲟鱼种类来确定,一般为2~4次/日。养殖鲟鱼个体规格较小、水温适宜、天气晴好时,投喂次数可调整为4次/日;反之,则可减少为2~3次/日。

（3）投饲方法　一般人工配合饲料的投饲方法可采用人工撒投或投饵机撒投。投饲要沿池壁四周断断续续地扬撒,使饲料分布均匀。撒入池水中的饲料应在尚未到达池底中心位置时,就被鱼抢食干净。长椭圆形的流水池,需在进水口（离排水口最远）的一端投饲,防止饲料流失。投饲不可将当次应投饲料一次性地倒入池中,这样会造成浪费,甚至污染水质。

为提高饲料的利用率,需做好以下四点:①选择投入水中后稳定良好的鲟鱼专用颗粒饲料;②掌握最佳的投饲量,投后95%以上被鱼摄食;③科学地确定投喂次数,每次投饲量分配要合理,白天适当少喂,夜晚适当多喂;④仔细观察、试验,找到每天、每次投饲的合适数量。有经验的饲养者对每一次投饲及鱼的摄食情况都认真仔细地观察,记下投饲的最佳数量,并且每7~10天调整1次投喂量。

使用投饵机投饲,虽然节省了人力,但它却失去了人工投饲时对鲟鱼的直接观察,往往会忽视鲟鱼的摄食能力及群体生长状况,也难及时发现病鱼。

3. 水体交换量控制

流水养殖池内流速、流量的大小、水交换次数,应根据鱼体的

大小、放养密度、水质的变化等进行合理的调控,为鲟鱼生长创造一个适宜的水域环境。池内流速、流量过大,虽然水中的溶解氧比较丰富,但却浪费了水资源,同时引发池中鲟鱼顶水冲游,增加鱼体体能的消耗。反之,池内流速、流量过小,虽可节省一定的水资源,却使池内溶解氧降低或水质变差,影响鱼类的正常代谢和生长。一般鲟鱼商品鱼养殖池内流速可控制在 0.2 米/秒,水体交换量为 4~6 次/天。密度较大的池交换量宜大些,密度较小的池交换量宜小些;温度高时,交换量宜大些,温度低时交换量宜小些;投喂时交换量宜小些,排污时交换量宜大些。

4. 鱼池排污

鲟鱼流水养殖因其单位水体载鱼量大,饲料投入量大,水体中残饵和排泄物较多,为保持池内有良好的水质,必须定时排污。一般流水鱼池,均配备有排污控制阀或池体外的排水立管,每天早晚打开阀门或拔掉立管两次,每次 5~8 分钟,就可把池底的 90% 以上的残饵和排泄物冲走,达到排污的目的。对于不能自动排出的污物,应定期采用人工清洗或机械冲洗的方法,及时将污物捞出或吸出。

排污时,不能把池中水位降得太低,必须留有 30~50 厘米的水位,防止密集的鱼群相互挤压、擦伤鱼体。拔掉立管排污时水流很急,常会有一些体质较弱的鱼被水流压迫在过滤网上,所以拔管排污时,事前应用竹竿等物将排水口处的鱼群驱散,以防压伤鱼体。另外,排污时不能关停进水阀门,排水需同时进行,既可防止压伤鱼体,又利于彻底排污。

5. 分级饲养

鲟鱼在养殖一段时间后,由于其摄食能力和体质等的不同,会逐渐出现规格差异,如不及时按规格分池,将会影响小规格鱼的摄食和生长。将不同规格的鱼适时进行筛选,并分池饲养,同规格的鱼放入同池饲养,可以提高成活率及商品鱼质量,提高单位面积产量。

鲟鱼一般养殖 1~2 个月分池一次。分池时可根据鱼体规格差异程度,分成 2~3 个规格。操作时应放低池水,用捞网逐尾挑选。

当池中大规格鱼多时,可挑小留大,当池中小规格鱼多时,可挑大留小。

分级筛选时的捞鱼、搬运等全过程都要带水细心操作,减少鱼体损伤,避免将鱼从高处抛入池中,应贴近水面将鱼倒入水中。筛选后及时泼药消毒,预防鱼病的发生。

三、养殖实例

本实例为福建的陈志援的实际养殖经验。

1. 流水养殖施氏鲟

(1) 养殖条件 流水池建于福建省明溪县龙湖鱼种场,均为经过改造的养鳗水泥池,共7口鱼池,面积为2 000平方米,水深为1米,其中1~4号池的面积均为125平方米,5~7号池的面积为500平方米。水源为冷泉水,水温常年保持在18~22℃,水体总硬度为4.9°,矿物质含量较高,不含重金属等有害物质,pH值为6.8,流量为0.49米^3/秒,有自然落差,可自流灌溉,水质清新且无污染。每口池均配备有功率为1.5千瓦的水车式增氧机1台。

(2) 技术与方法 池塘用为浓度1克/米^{3}的二氧化氯消毒后,于2006年6月23日放养施氏鲟苗种3万尾,鱼种规格为20.4克/尾,共计重量为612千克,放养密度为15尾/米^2。放养的鱼种要求规格整齐、体质健壮、无病无伤,鱼种放养前用浓度为20克/米^{3}高锰酸钾溶液消毒鱼体5~10分钟。

投喂饲料为软颗粒饲料,粗蛋白含量为40%。鱼体体重在200克以下时,日投喂量为鱼体总重的4%~6%;鱼体体重在200克以上时,日投喂量为鱼体总重的2%~4%。一般地,养殖早期日投喂3~4次,养殖中、后期日投喂2~3次,每次的投喂量以饲料在15分钟内被鱼体摄食完为度。投喂坚持"四定"的原则,根据天气、水温、鱼类不同生长期及鱼体摄食情况等灵活调整日投喂量和投喂时间。

整个养殖过程均保持微流水环境,根据鱼体大小及季节变化调整水流量,一般控制在24小时换水1个全量,并保持水质清新和池水溶氧量在5毫克/升以上。搞好水温调控,主要采用调节水流

量和架设遮阳设施等方法，使整个养殖过程中池水的水温保持在18～26℃之间。

(3) **结果与分析**　至 2007 年 3 月 7 日捕捞，养殖周期为 257 天，共收获商品施氏鲟 28 325 尾，产量共计 24 246 千克，净产量为 23 634 千克，养殖成活率为 94.42%，净单产 11.82 千克/米^2，共消耗饲料 29 070 千克，饲料系数为 1.23，鱼体平均日增重 3.25 克。

商品鱼出塘价格为 30 元/千克，总产值 72.74 万元，单位产值达 363.70 元/米^2，生产总成本为 37.62 万元，单位成本为 188.10 元/米^2，利润为 35.12 万元，单位利润为 175.60 元/米^2，投入产出比为 1：1.93。

2. 流水养殖杂交鲟

本实例为贵州的李正友等人的实际养殖经验。

(1) **养殖条件**　流水水泥池建于贵州省特种水产工程技术中心惠水基地，面积为每个 11.2～20.5 平方米，共 3 口，总面积为 48.9 平方米。池顶有遮阳网。水源为惠水县蒙江灌渠水，经渠道流入各水泥鱼池。鱼池进水量控制在每小时交换 4～6 次，溶氧量为 5.76～6.95 毫克/升，池水水位在 80 厘米以上，养殖期间水温为 11～25℃。

(2) **技术与方法**　2003 年 6 月 3 日从北京喜丰达渔业有限公司购进杂交鲟鱼种 2 057 尾，计 273.1 千克，已进行人工配合饲料驯化，其规格为平均体重 132.8 克/尾，放养密度为 42 尾/米^2。放鱼前，提前一天用 20 克/米^3 的漂白粉溶液对培育池及工具进行消毒。鱼种下池时将鲟鱼种用 4% 食盐水溶液洗浴 10 分钟后放入水泥池。

入池后第二天开始投喂饲料，饲料采用北京市友谊配合饲料厂生产的鲟鱼料。水温在 15℃ 以上时，日投饲率为鱼体重的 2%～4%，日投饲 6 次，每间隔 4 小时投喂 1 次。水温在 15℃ 以下时，日投饲率为鱼体重的 1% 左右，日投饲 4 次，每间隔 6 小时投喂 1 次。对部分体质较弱的杂交鲟，另用少量水蚯蚓拌和饲料投喂。

养殖期间，适时分池，把规格一致的杂交鲟放入同一池中进行养殖，保证同一池中杂交鲟个体大小差异不大，吃食均匀。

（3）结果与分析　养殖期为179天。对养殖鲟鱼进行了6次生长测定，平均每尾增重852.9克，平均日增重4.8克，具体数据如表5-4所示。

表5-4　杂交鲟养殖生长情况

时间	养殖期/天	数量/尾	重量/千克	平均尾重/克	日均增重/克
6月13日	0	2 057	273.1	132.8	
7月16日	32	1 748	672.9	385.0	7.9
7月25日	51	1 746	936.6	536.4	7.9
8月19日	76	1 735	1 198.4	690.7	6.2
10月12日	120	1 505	1 127.5	749.2	1.3
11月29日	179	1 486	1 464.8	985.7	4.0

收获情况：11月29日存池杂交鲟鱼1 486尾，总重为1 464.8千克，养殖期间销售成鱼255尾，重量为283.8千克，共生产杂交鲟鱼1 741尾、1 748.6千克，净增重1 475.5千克，折合单产35.8千克/米^2，净产量30.1千克/米^2；成活率为84.6%。共投喂饲料2 616.9千克，饲料系数为1.77。

经济效益分析：总投入4.46万元，其中，2 057尾鱼种单价为8.0元/尾，计1.65万元；投喂饲料2 616.9千克，单价为6.0元/千克，计1.57万元；药品400元；工资1万元；水电费2 000元。销售成鱼1 748.6千克，按平均单价为40.0元/千克计算，总收入为6.99万元，毛利润为2.53万元，投入产出比1∶1.57。

第二节　网箱养殖

鲟鱼网箱养殖是一种高投入、高产出、高效益的集约化养殖方式。它利用合成纤维网片或金属网片，装配成一定形状的箱体，设置在较大、较深的水体中，使网箱内保持一个稳定的适宜鲟鱼生长的"活水"环境，通过网目进行水交换，因而能高密度地养

殖鲟鱼商品鱼（彩图23）。我国鲟鱼网箱养殖开始于2000年，经过近10年的发展，已成为鲟鱼商品鱼生产的主要方式之一。

一、养殖水域选择

一般常年水深不低于6米，符合鲟鱼水质要求的大、中型水库及河道均可进行鲟鱼网箱养殖。具体要求为：养殖水域水源充足，水位相对稳定，常年水位落差不宜过大；水体透明度应大于1米；风浪较小，具有一定流速，流速宜在0.05～0.20米/秒之间。饲养期间网箱架设区域的水温变幅在8～30℃之间。

二、养殖设施

鲟鱼网箱养殖的设施一般包括网箱箱体、箱体框架、浮子、沉子、投饵机械、栈桥及趸船（值班房）等。养殖生产者首先要了解这些设施的选材、设计、制作、组装配套及设置技术。

1. 箱体

箱体是网箱结构的主体部分。它是由用网线编织成的网片，按网箱的形状和规格，经剪裁后，再缝制而成。网线材料可采用聚乙烯（乙纶）、聚丙烯（丙纶）、尼龙（锦纶）等。目前市售箱体普遍采用聚乙烯网线制作，因其具有成本低、强力大、耐腐蚀等特点。

网目的大小应根据放养鲟鱼的规格和水体交换情况决定。网目过小，虽然能有效地防止网箱内养殖鲟鱼的出逃，但箱壁附着物易堵塞网目，影响箱内外水体交换，箱内水质容易变坏；网目过大，箱内养殖鲟鱼可能逃出，同时进箱的野杂鱼明显增多，与养殖鲟鱼争食，造成饲料浪费。不同放养鲟鱼规格适用网目大小见表5-5。

表5-5 鲟鱼放养规格与网目大小参照

放养规格/克	10～20	200～500	2 500～5 000	>10 000
网目单脚长/厘米	0.75	1.50	2.50	4.00

网箱箱体形状多采用长方形，因为长方形箱体有利于水体交换和多只网箱的排列。网箱规格（宽×长×深）常见的有 3.0 米×4.0 米×2.5 米、4.0 米×5.0 米×3.0 米、6.0 米×8.0 米×3.5 米、8.0 米×12.0 米×5.0 米等，随着养殖鲟鱼商品鱼规格的不断增大，其网箱规格宜应加大。一般养殖商品鱼规格在 2.5 千克/尾以下时，用 3.0 米×4.0 米×2.5 米、4.0 米×5.0 米×3.0 米规格的网箱；养殖商品鱼规格在 2.5 千克/尾以上时，用 6.0 米×8.0 米×3.5 米、8.0 米×12.0 米×5.0 米规格的网箱。

2. 框架

目前鲟鱼网箱养殖多采用浮动式网箱。浮动式网箱框架是浮于水面，具有一定空间和形状，用于吊挂网箱，使网箱张挺定形，保持一定容积并使网箱相对地稳定于某一位置。同时，为饲养管理者提供一定的空间和浮力。框架的制作材料有毛竹、镀锌钢管、角钢、水泥浮桥等。

毛竹框架一般用于小型网箱（彩图 24）。将四根毛竹用铁丝固定排列成正方形或长方形，然后在四个边角上钻一圆孔，插入直径为 1.0～1.2 厘米、长为 40～50 厘米的钢条，固定于框架上，用于吊挂网箱。若毛竹浮力不够，还必须在四个边角安装浮子以托起网箱。毛竹框架一般只用于简易网箱养殖中，其制作方便，成本低廉，但饲养管理不便，抗风能力差。

镀锌钢管（彩图 25）或角钢框架（彩图 26）可用于各种规格网箱。框架材料采用直径为 4.95 厘米或 6.60 厘米镀锌钢管，也可以用 4 厘米×4 厘米的角钢，根据箱体水面形状，用扣件或焊接工艺制作成"回"字形框架，在框架每边每隔 30～40 厘米加焊横筋一根，以便固定浮力装置、铺设人行栈桥和架设工作平台等。这种框架制作方便，成本适中，饲养管理方便，抗风能力较强，是目前鲟鱼养殖网箱普遍采用的框架。

水泥浮桥是近年开发出来的网箱框架（彩图 27），适用于架设大型网箱。框架材料采用水泥和钢筋，框架结构须根据浮桥自身重力、箱体重量、桥面行人、载物、水流、风浪等进行专门设计，做成模具后，现浇成型。这种网箱制作周期较长，成本高，饲养

管理方便，抗风能力强，适合有一定规模的鲟鱼养殖企业采用。

3. 其他装置

（1）**浮力装置**　指固定在框架下方，使鱼排保持一定浮力的装置。浮子可用泡沫塑料、塑料桶、金属油料空桶。目前，在鲟鱼网箱养殖中多数采用泡沫塑料块作为浮子，其浮力大、造价低，但易碰撞破损，在泡沫塑料块外面包一层薄膜，则可以延长其寿命。

（2）**沉子**　指固定于网箱底部四个网角，使网箱下沉并保持一定形状的装置。沉子可用砖块、陶瓷、混凝土、镀锌钢管等作材料，大型网箱为了保持网箱张挺，将镀锌钢管弯成与网箱底形状相同的平面框架，将其固定于网箱底部外面。

（3）**饲料台**　鲟鱼口下位，为底栖吃食性鱼类，养殖过程中一般投喂沉性颗粒饲料。为提高养殖鲟鱼的饲料摄入率，减少饲料浪费，故应在网箱底部架设饲料台。饲料台面积为2~10平方米，可做成方形或圆形（彩图28），先用钢筋等制作饲料台骨架，然后再用15~30目的聚乙烯网片铺平，饲料台四周应比饲料台面高出5~10厘米。小型网箱可将整个箱底用密网布封底，兼做饲料台。大型网箱饲料台制作好后，用4根聚乙烯绳从网箱框架上吊至离箱底一定距离处固定，方便清洗和检查吃食情况。饲料台离网箱底的高度一般为20~30厘米，这样既可避免饲料台架对网箱底的磨损，又可保证养殖鲟鱼不会在饲料台和箱底之间卡死。

（4）**投饲装置**　若采用自动投饵机代替人工投喂，则需要在网箱框架上安装自动投饵机。

（5）**固定装置**　网箱固定方式可采用岸上打桩固定或抛锚固定。一个网箱排一般需四面架设4~6根绳子固定。在较窄的河道、水库及其库湾设置的网箱，用岸上打桩方式固定，在较宽的水面，可以靠抛锚固定。锚重30~40千克/个，锚绳长为水深的1.5倍以上，锚绳宜采用直径为2.5厘米的缆绳。

4. 网箱设置

（1）**设置地点**　网箱设置地点的选择首先应考虑水域的水质条件，同时还应考虑该水域岸上的交通条件、电力条件、通信条件等，以方便生产物质和生活物质的运送，如饲料、鱼种和各种生活物质的运进，商品鱼的运出等。所以，水质良好、水流通畅、水面开阔、避风向阳的水域，岸上交通便利、电力、通信设施齐备的地点应为较佳的网箱架设地点。

（2）排列方式　鲟鱼养殖网箱一般安装成浮动式，可随着水位的变化自由升降。网箱排列多采用双排并列式，即在人行栈桥两边每边布置一排网箱，根据网箱大小，10～15 只相同规格网箱排成一排，一排之内的箱间距 0.5 米左右，排与排之间的距离为 3.0～5.0 米。

三、生产管理

1. 鱼种放养

（1）鱼种选择　目前，我国养殖最普遍的鲟鱼品种有 9～10 种，养殖者可根据网箱设置地的水温条件、水质条件、市场销售情况等，决定放养的具体品种。一般在水温偏高的南方地区，可选择施氏鲟、达氏鳇及其杂交种等；在水温偏低的北方地区，可选择西伯利亚鲟、湖鲟、欧洲鳇及其杂交种等；水质较肥的水域适合放养匙吻鲟。

（2）放养规格　鲟鱼网箱养殖放养规格应根据计划生产商品鱼的规格、生产周期和放苗时间确定。一般养殖 1 龄商品鱼的放养规格为 15～20 厘米（10～30 克），放养鲟鱼的规格太小，对环境变化的适应能力较差，会影响养殖成活率，放养鲟鱼规格太大，则会增加苗种成本和运输成本，降低经济效益。养殖 2 龄以上大规格商品鱼，则可从小规格商品鱼中挑选优质鱼进行放养。专业生产鱼子酱的企业，可从大规格商品鱼中挑选雌性鲟鱼继续饲养。

（3）放养密度　鲟鱼网箱养殖的放养密度对鱼的生长速度影响很大，也影响到群体鱼产量。网箱内放养鲟鱼密度过小，鱼体虽然长得快，个体大，但浪费水体空间，群体产量低，效益不好。而随着放养密度增加，水质会逐渐变差，溶解氧减少，鱼群渐显拥挤，鱼的摄食及代谢能力下降，鱼体的生长会随着密度的增加而受到制约，这时就会出现总产量增加，而鱼个体增重减缓，产

品规格偏小的现象，当密度达到鲟鱼网箱养殖的饱和容纳量时，群体产量最高，若继续增加放养密度，鲟鱼会因为环境的恶化和拥挤胁迫，爆发各种鱼病，造成大批死亡而影响产量。理想的放养密度是提高鲟鱼网箱养殖经济效益的关键因素。

从理论上讲，制定网箱放养密度时应结合水质、水流、溶解氧状况、网箱设置位置、饲料配方和加工技术、饲养管理技术等进行综合考虑。但实际上这些条件是不断变化的，在生产实践中，一般是参考已取得的经验，根据历年网箱养殖鲟鱼的较高单位鱼产量和产出商品鱼规格，计算出适宜的放养密度，计算公式如下：

放养密度（尾/米²）= 网箱产量（千克/米²）/商品鱼规格（千克/尾）

目前，我国鲟鱼网箱养殖产量在 15～30 千克/米² 之间，养殖者可据此计算出适合自己的放养密度。不同规格鲟鱼网箱养殖放养密度可参照表 5－6。

表 5－6　不同规格鲟鱼网箱养殖放养密度

放养规格/克	10～20	500～800	4 500～5 500	10 000～12 000
放养密度/（尾·米⁻²）	20～50	15～20	8～10	3～4

在鲟鱼网箱养殖生产过程中，为了充分发挥网箱在不同饲养阶段的生产潜力，提高网箱的单位面积产量和经济效益，一般在鱼种规格小时，放养密度适当提高些，以后随着鱼体的生长，1～2 个月应分级和调整密度一次，始终使网箱中的养殖鲟鱼处于较佳养殖密度。

（4）**鱼种入箱**　鲟鱼苗种进箱前，应提前 7 天将检查好的网箱挂入水中浸泡，浸泡过的网箱网衣表面会附着一层薄薄的生物膜，手感比较平滑，鱼种进箱后可减轻鱼种与网箱的碰撞和摩擦，避免鱼体体表损伤。

从外地购入或从陆地苗种场运来的鲟鱼苗，在下箱前应进行水温和水质平衡，以免造成鱼苗因应激反应出现大批量的死亡。用塑料袋充氧方法运来的鲟鱼苗，在下箱前应先将未解包的塑料氧气袋整个放入网箱水体中，进行温度平衡，待温度平衡后，解开塑料袋，加入少量网箱设置水体的水，观察袋中鲟鱼苗的反应，若鱼苗活动正常，则可将整袋鲟鱼苗消毒后放入网箱中；若袋中鲟鱼苗反应强烈，则应继续观察，或在下一袋中减少网箱水的加入量，直至鱼体完全适应新水质后才可将鲟鱼苗消毒后放入网箱中。若平衡时间较长，可再一次给氧气袋充氧，防止因袋中溶解氧下降，引起袋中鲟鱼苗的死亡。用活鱼运输车运来的鲟鱼苗，下箱前只需将网箱水体用小水泵缓慢加入活鱼箱中进行水温、水质平衡，待平衡后，鱼体活动正常时，即可将鲟鱼苗全部消毒后放入网箱中。

放入网箱中的鲟鱼苗，如出现成群下潜，游动活泼或蹦跳或沿着网边成群环游等现象，表示正常；如果鱼种入箱后不成群下潜，而是散开或缓游于水面，则是不祥之兆，极有可能会大批死亡，应当及时追查原因，采取相应措施补救。一切正常的鱼种，在入箱后1~3天，便能逐渐开始摄食，并转入正常饲养状态。

2. 饲料与投喂

鲟鱼鱼种在进网箱之前，均已经转化为吃食人工颗粒饲料。所以，在鲟鱼商品鱼生产过程中，全部采用颗粒饲料。网箱养殖匙吻鲟采用浮性颗粒饲料，养殖其他鲟鱼采用沉性颗粒饲料。饲料成本在鲟鱼网箱养殖中占生产总成本的60%以上。显然，降低饲料成本能显著提高鲟鱼网箱养殖的经济效益。而降低饲料成本的关键，除了要有最佳的饲料配方和饲料加工工艺外，还应有科学合理的投喂技术。鲟鱼网箱养殖的投喂技术主要包括日投饲量，日投喂的次数、时间、方式和特殊情况下的投喂技术等。

（1）**日投饲量** 网箱内鲟鱼每天摄食的最大量为日饱食量，日饱食量占网箱内鲟鱼总量的百分比称为日饱食率。而每天使网箱内的鲟鱼刚好能获得最佳生长状态的投饲量，称为合理的日投饲量，合理的日投饲量占箱内鲟鱼总重量的百分比称为合理的日投饲率。一般说来，鲟鱼网箱养殖合理的日投饲率仅相当于日饱食率的70%~80%，过多的投饲不仅会浪费饲料，使饲料系数偏高，而且往往引起鲟鱼疾病的发生。

确定日投饲率应考虑网箱中养殖鲟鱼的规格、水温和水质状况、饲料营养水平等因素。鲟鱼日投饲率随规格的增大而减小；当水温处于鲟鱼适宜生长温度范围内时，可调高日投饲率，当水温低于或高于它们的最适生长温度时，都应调低日投饲率；天气或水质状况较差时，应调低日投饲率。表5-7为不同规格鲟鱼在23℃时，投喂市售鲟鱼专用颗粒饲料的日投饲率，实际生产中可根据具体情况适当增减。

表5-7 不同规格鲟鱼日投饲率（水温为23℃）

鱼体规格/克	10~20	500~800	4 500~5 500	10 000~12 000
日投饲率/%	2.0	1.5	1.0	0.5

日投饲量可用以下公式计算：

日投饲量（千克）= 网箱中鱼体总重量（千克）× 日投饲率（%）

由于鱼体的不断生长，日投饲量应定期调整。一般每7天调整一次。采用抽样测算网箱中鲟鱼规格的方法，计算网箱中鱼体总重量，从而计算出日投饲量。

（2）投喂次数　在鲟鱼网箱养殖过程中，每日投饲次数的多少是影响投喂效果及防止饲料散失的重要因素之一。当日投饲量确定后，应在一天内分成多次投喂，并以少量多次为原则。如投喂次数过少，则会因一次性投饲过多而发生饲料沉底、外溢浪费的现象；如果投喂的次数过多，也会使日投喂量过于分散而引起鱼群争食过激，出现强者饱食，弱者受饿，造成鲟鱼生长不均匀。具体的日投饲次数是根据鱼群个体规格、温度等情况而确定的，表5-8是鲟鱼网箱养殖不同温度下的投喂次数，供养殖业者参考。

表5-8 不同温度下鲟鱼网箱养殖投喂次数

水温/℃	9~12	13~17	18~26	27~30
投喂次数/(次·日$^{-1}$)	2	3	4	2

实际操作中，因天气、鱼体状况、生产流程安排等具体情况，可适当调整投喂量和投喂次数。如在遇到风大水急、水质混浊时，应适当减少投喂量或改变投喂时间；当遇气温、水温突降，连续阴雨天，有可能会缺氧或水质突变时，也应减少投饲量或下午减少一餐，防止鱼饱食后在晚上缺氧死亡；当改用新配方饲料或转换投喂方式时，开始1~3天应减少投喂量，增加日投喂次数，让鱼有一个适应转变的过程；挑鱼分箱、药物消毒等操作应提前1天或在当天停喂（操作完后第二天应减少投喂量）；遇到鲟鱼发病时，应及时减少投饲量或停喂，以便随时配合消毒、投喂药物饲料等治疗措施。

（3）**投喂方法** 养殖匙吻鲟的网箱中，投喂的是浮性颗粒饲料，为防止饲料飘散溢出箱外，应在网箱水面中央设一饲料筐，分次将饲料投入筐中。

养殖其他种鲟鱼的网箱中，投喂的是沉性颗粒饲料，可用手将饲料慢慢一把一把撒入网箱中饲料台对应的水面上，观察或估计鲟鱼吃食的速度，一把吃完再撒第二把，投喂速度可视当时鲟鱼吃食的活跃程度而定，一般每次投喂开始时频率较快，稍后则减慢，当箱内鲟鱼争抢不积极时，就暂时向第二箱投喂，过一会儿再回头投一遍，绝不允许把饲料一次倒入箱内，这样将会造成饲料的严重浪费。

（4）**日常管理** 在鱼种放养、饲料投喂等技术得到保证的前提下，其他日常饲养管理工作也是保证鲟鱼网箱养殖高产、高效的重要技术手段。鲟鱼网箱养殖的日常管理工作主要包括以下几个方面。

定期检查：鲟鱼网箱养殖是集约化、高风险养殖模式。应定期检查网箱有无破损（一般7天彻底检查一次），防止逃鱼；随时观察网箱内鲟鱼活动情况，发现异常及时处理。

制定应急预案：养殖鲟鱼网箱的架设水域，往往会有洪水或大风的袭击，一定要事先制定好应急预案，在遇到洪水、大风浪时即时调整网箱位置，避免遭受自然灾害损失。

适时分箱：鲟鱼经过一段时间的饲养，养殖密度会不断增大，

个体大小也会逐渐出现差异。这时应根据鱼的生长情况按规格分级、分箱饲养,重新调整各箱的养殖规格、放养密度等,有利于提高网箱利用率和养殖鲟鱼成活率。在操作过程中,发现网箱破损或网目堵塞,应及时换箱修补或冲洗。

做好记录:生产管理者每天应做好水温、溶解氧、分箱操作、鱼病防治、饲料投喂等日志记录并存档,以备日后产品质量追溯时查验。

四、养殖实例

1. 网箱养殖西伯利亚鲟

本实例为山东的钟北鹏等人的实际经验。

(1) **养殖条件** 网箱设置于山东省诸城市石门水库。该水库位于诸城市东南山区,总库容为1 157万立方米,兴利库容为670万立方米,常年养殖水面约为133公顷,最大水深为11米。水库水质清新,无污染,符合我国《渔业水质标准》。网箱框架采用毛竹捆绑连接而成。毛竹上另加铁筋将网箱上盖挑起,使网箱上盖离开水面20厘米。网箱采用30股聚乙烯网片缝制而成。网箱规格5米×5米×3米,网目为2厘米,单层有盖。网箱底层缝有20目的筛绢。放养网箱为3只,网箱有效水体为75立方米。投放地点在水库坝前水深约为10米的水域。在放鱼前10天将网箱设置好。

(2) **技术与方法** 2007年9月4日购进体长为20~25厘米小规格鲟鱼鱼种6 000尾,用塑料袋充氧方法运抵石门水库淡水池进行20天培育。在此期间,因鲟鱼抢食不激烈要驯化,要耐心地一把一把地投喂,速度要慢,驯化3~5天。9月24日经水温调节后,每100尾鱼种用青霉素10万国际单位浸15分钟,然后将鱼种平均放在3个网箱中。第二天开始投喂饲养。

饲料选用山东省海洋水产研究所生产的鲟鱼专用配合饲料,鱼种入箱第二天开始人工手撒投喂,日投喂3次,日投饲料量为鱼体重的2%~5%,同时根据天气、水温、鱼种摄食情况随时调整。鱼种入箱后采用专人负责管理投饲,经常检查网箱有无破损,网箱附着物是否影响网箱水体交换,发现情况及时处理。每隔20天进行1次生长测量，检查鱼体生长情况，发现问题及时采取措施。

至11月下旬，采用就地沉箱方法越冬。沉箱深度视水深而定，不要沉到底部，封冰后保持冰面无积雪、杂质，以利于氧气的产生。

（3）结果与分析 2007年9月24日至2008年10月24日，饲养历时13个月，鲟鱼平均体长达48厘米，平均体重为1 180克，成活率为91%，饵料系数为1.33，成鱼按照市场价格36元/千克计算，实现产值23.2万元。除去鱼种费44 600元、饵料费8.0万元、其他材料和管理费约1.5万元，每个网箱可获利3.0万多元，是普通网箱养殖效益的数倍。

结果表明，一般水库生态条件适宜网箱养殖鲟鱼的要求。鲟鱼属偏冷性鱼类，在一些地区的池塘中养殖，如夏天水温超过25℃，存在一个度夏问题，而利用水库底层夏季水温较低的条件进行网箱养殖，鲟鱼生长很迅速，其发展已成必然趋势。

2. 网箱养殖匙吻鲟

本实例为河北行唐的乔军旗等人的实际经验。

（1）养殖条件 网箱设置于河北省行唐县口头水库，是大二型水库，水库总库容为1.052亿立方米，宜养鱼面积稳定在5 250亩①，水库主产鲢、鳙、鲤鱼等。水库能为主食浮游动物的鱼类提供很好食物来源，水库进水源自自然降水和引水，水库所在地无霜期189天；全年水温达到14℃以上为188天，全年降雨量平均为560毫米，多集中在6—9月份。口头水库群山环抱，绿树成荫，沟汊纵横，没有污染，生产环境良好，并紧靠两条公路，交通便利。

网箱规格为6米×6米×3米，网目为2厘米，由聚乙烯有结节网片装配而成，箱体全封闭。框架为4根长为6米的竹竿，正方形固定，每口箱由相对的4只沉子入库底固定。网箱设在避风向阳、水深为4~6米、水位相对稳定、风浪较小的区域。水质清新、无污染，该区域还有微流水并且有较丰富的浮游动物。鱼种放养

————————

①亩为我国非法定计量单位，1亩≈666.7平方米，1公顷=15亩，以下同。

前,网箱要提前2周浸泡于养殖水体中,以便网箱充分附着藻类,保护鱼种,以免其进箱后擦伤。

(2)技术与方法 购苗时,最好选择规模较大、信誉较好的苗种场,以保证苗种的健康,健康匙吻鲟苗种在感观上的标准是:肌理清晰、色泽明亮、体表洁净、无黏液、活力强、摄食快。2007年5月份从湖北省购入7 000尾平均体长为14厘米的优质匙吻鲟苗种,采用双层塑料袋充氧装箱方法,每袋装30尾苗种,经汽车运输到口头水库岸边。再把纸箱里的充氧袋在保持原状的情况下,放到网箱水区,经1~2小时袋内外水温达到平衡,开袋让鱼苗逐渐游入3%食盐消毒盆后再进入网箱。放养密度控制在3~10尾/米^3。

5—6月份每隔10天在网箱养殖区施生物肥一次,定期测量浮游生物量,保证匙吻鲟有充足的饵料生物。7月份以后开始投喂全人工配合饲料,每天09:00和13:00分别投喂1次,按鱼体重的4%~6%投喂,投饵量以鱼抢食停止为准,并根据气候、水质等变化适当调整投饵时间和投饵量。定期清除网箱内污物和网片附着物,每天检查网箱的网片是否有破损和框架有无松动,防止匙吻鲟破网逃走。要注意天气、水温、水质变化情况,做好养殖记录,还要根据鱼的生长和饵料情况及时调整放养密度。

养殖过程中除鱼种进箱时以盐水浸洗外,中间未进行任何药物防治。另外,在投饵时不能使鱼抢食过于拥挤,以免擦伤体表引发感染。养殖过程中未发现鱼病。

(3)结果与分析 到2008年10月份匙吻鲟经过17个月的养殖,全部出箱上市,共起捕匙吻鲟6 094尾,最大体长为60厘米、最小体长为28厘米,平均重量为1千克,成活率达到87.06%。产值达到60.94万元,除去生产成本35.23万元,获总利润为25.71万元。

结果证明,匙吻鲟在水库进行网箱养殖是可行的。根据匙吻鲟生态习性,经1年多的跟踪观察和分析,发现水库网箱养殖匙吻鲟生长快、效果好,而且不存在大水面放养匙吻鲟成活率低、回捕率不高的问题,水库水质良好、溶解氧丰富,与池塘等小型水体相比，对环境变化（特别是水温）的缓冲能力强。

第三节 生态循环水养殖

随着社会的发展，人民生活水平的提高，淡水资源的缺乏以及水环境污染对渔业生产的不利影响日趋明显。发展节水和无污染的渔业，已成为渔业工作者刻不容缓的任务，生态循环水鲟鱼养殖模式较好地解决了这个问题。生态循环水鲟鱼养殖模式是基于全封闭工厂化循环水养殖和人工湿地技术新研制出的一种养殖模式。这种养殖模式与全封闭式工厂化循环水养殖模式相比，具有一次性投资少，运行成本低，能鱼菜共生等优点；缺点是水处理单元占地面积较大。

一、原理

生态循环水养殖系统是根据高密度循环水养鱼的特点，运用湿地生态原理，将物理过滤和生物过滤有机结合，充分发挥水培植物吸收和有益微生物分解等生物处理功能，使养殖排水得到净化处理，循环使用。

该系统由养鱼池、物理过滤池、生物过滤池、植物栽培架等组成，配套相应的水泵、气泵等设备，如图5-4所示。

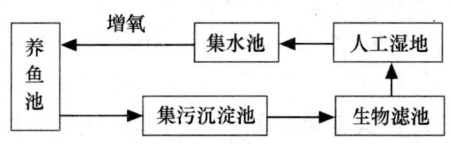

图5-4 生态循环水养鲟工艺流程

养鱼池排出的水，利用水位差先流入沉淀池，在沉淀池中，固相污物（粪便、残饵等）被过滤拦截，沉淀后的水流入生物滤池进行生物膜法降解，将水中的氨氮、亚硝酸盐转化为硝酸盐，经生物过滤的水再流入人工湿地，在人工湿地中种植的观赏水草、水培蔬菜和花卉等，吸收水中的氮磷营养盐等，经人工湿地处理的水汇入集水池,在集水池中增氧后,由水泵送入养鱼池或采用气提泵直接将集水池中的水送入鱼池。通过收割人工湿地中的水生植物达到去除水中营养盐的目的。

二、养殖设施

生态循环水养殖系统一般由养鱼池、沉淀池、生物滤池、人工湿地和集水池组成。

1. 总体布局

生态循环水养殖系统可建成两个车间,即养殖车间和水处理车间。养鱼池位于养殖车间内,其他设施布置于水处理车间内,养殖车间与水处理车间的面积比为2∶1。养殖车间屋面采用不透光的玻璃钢板或彩色波纹保温钢板、彩色PVC波纹板覆盖,水处理车间屋面采用透光玻璃钢板覆盖。车间与车间之间以供水沟兼作连接梁组成多跨布置。生态循环水养殖系统结构示意图如图5-5所示。

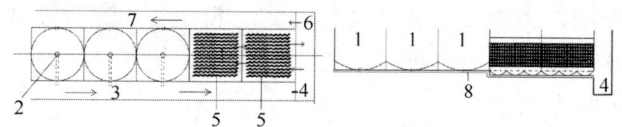

图5-5 生态循环水养殖系统结构示意

1. 鱼池;2. 排水口;3. 循环排水沟;4. 沉淀池;5. 湿地兼生物净化池;6. 集水池;7. 气提泵;8. 循环供水沟;9. 排污管

该系统既可设计成养殖车间内所有养鱼池进、排水连通共用一套较大型水处理系统,也可设计成单个养鱼池独立配备一套小型水处理系统。前者适用于大型养殖场采用,后者适用于普通农户采用。

2. 单元设施

(1) 养鱼池 用于鲟鱼商品鱼生产的养鱼池可设计成圆形或方形圆角,面积以50~100平方米为宜,水深在1.5~2.5米之间。池底呈锅底形,坡降为3%~5%,中间设出水孔和排污孔,进水口位于池面一角。可参考图5-1和图5-2。

（2）**沉淀池**　采用流动态沉淀池设计，流动态沉淀池可连续供水。在流动的状态下实现沉淀功能，同时下进上出的供水出水方式可提高下一级水处理设施的位差，提高自流供水能力。流动态沉淀池采用长方形水池，其体积根据养殖水体的大小而定，一般相当于养殖水体体积的1/20。池中布置斜板两块，以60°角排放，斜板间距15厘米，斜板上方水深为0.5米，下方水深应不低于0.5米。沉淀池底部设排污孔一个，排污孔与排污阀或排污泵相连。

（3）**生物滤池**　生态循环水养殖系统采用滤床式生物过滤，这种过滤方式设施简单，无须动力机械设备，建造成本较低，运行能耗低，且同时具有生物和物理过滤两种作用，但占地面积大，过滤效率较低，且滤料间隙较易堵塞，清除需一定的能耗和工时。

滤料是生物过滤池的主要填充物，铺设于生物滤池上部的水泥槽内，形成滤床。生物膜着生于滤料上，沉淀池过来的水通过落差缓慢通过滤床而达到净化目的。滤床式生物过滤池结构如图5-6所示。

滤料应有尽可能大的表面积及良好的过流、通气性能，多选用粒度均匀、大小适宜且表面不规则的颗粒状物体，如陶粒、焦炭、碎石、小卵石、石英砂等天然材料和专门设计加工的塑料蜂窝状管材等。目前，主要使用的滤料及性能大致如下：石英砂粒，粒度为（颗粒的对径）2~5毫米，来源广，成本低，但过滤效率较低且较易堵塞，清除不易；碎石，粒度为3~5厘米，空隙率（堆积体中空隙所占比例）约为45%，来源较为方便，有较好的过滤效率，不易堵塞，成本高于砂粒；陶粒、塑料管材等为生物过滤的专用材料，横截面呈蜂窝状，空隙率高达95%，单位体积有很大的表面积，过滤效率高，不堵塞，使用方便，成本高，约为碎石的3~

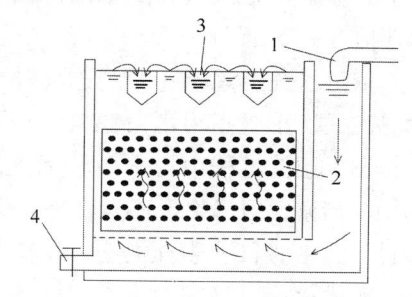

图5-6　滤床式生物过滤池结构示意
1. 进水管；2. 滤料；3. 集水槽；4. 排污口

5倍。

滤床尺寸(即滤料体积)依净化水体的负荷量及所选用的滤料种类而定。滤床面积过小,难以达到净化水质的要求;面积过大,则增加设施成本,降低养鱼的水面面积。从现有生产经验看,滤床面积与鱼池面积的比值,砂粒滤料一般为1:(1~2),碎石滤料一般为1:(3~4),麦饭石滤料为1:(3~9)。滤床的深度对过滤性能也有明显的影响,一般深度越大,污水流经滤床的时间越长,其水体的净化效果相应较好,但滤床深度过大时某些局部的通气性较差,生物膜代谢作用相应减弱。因此,深度越大,滤料单位体积的净水能力相应降低。目前采用砂粒、碎石等材料滤床深度多为1~2米,陶粒和塑料蜂窝状管材由于其不易堵塞,通气性好,滤池深度相应较大,多为数米。

过滤速度即污水经过滤料的速度,它与滤床深度共同决定污水与生物膜的接触时间。显然,滤床深度一定时过滤速度越慢,经过滤后的水体质量相应越好。然而,单位时间内的过滤流量也越小。为兼顾过滤流量和质量两方面要求,目前一般过滤速度多为每小时8~25米。

依污水进出滤床(即经过滤料)途径不同可分为正滤和反滤两种方式。正滤指污水由滤料上表面注入,经过滤后由下表面集中排出。正滤过程中污水微粒沉淀易滞留于表层滤料缝隙中,较易使其堵塞,但清除也较为容易。反滤指污水由滤料下表面注入,经过滤后由滤料上表面溢出。反滤过程中污水中的微粒大部分未能随水进入滤料缝隙即自然沉淀落入滤床底部,滤料堵塞相应减少,然而,一旦堵塞需挖出上部滤料才能较好清除下部堵塞,工作量较大。

多个滤床的排列可分为串联、并联两种方式。串联即污水依次经过2个以上的滤池过滤,并联指污水分散进入各个滤池过滤后汇集。串联可使污水经多次过滤而提高净化程度,但过滤的流量小且滤池间彼此联系,其中一个滤池堵塞即影响整体过滤效果;并联可保证较大的过滤流量且滤池间相互独立,运行、清洗、维护均互不干扰。

为保证滤料内有充足的溶解氧以满足生物膜代谢需要，可在滤床内设散气管、板，必要时输入空气或纯氧。清除滤料间堵塞常采用气体或水流反冲（用高压气、水体沿过滤流水的反方向冲刷滤料）或机械振动（拌动滤料，促使滤料颗粒之间挤压摩擦去除附着物）的方法。

在实际应用中，为了节省空间，常将生物滤池设计成反滤结构，在滤料上面的水层中架设生物浮床进行水上农业操作，通过植物的收割，以去除水处理系统中被降解、消化的氮的终极产物 NO_3^-。

（4）**人工湿地** 也叫构建湿地，是从生态学原理出发，对自然湿地生态系统进行模拟，利用植物、微生物和基质的三重协同作用达到净化污水的目的。本系统主要利用在人工湿地中种植的植物吸收处理水中的氮、磷无机盐，并通过对植物的收割去除这些氮、磷营养盐。

人工湿地一般由池体、基质和水生植物组成（彩图29和彩图30）。按工程设计和水体流态的差异，可分为表面流湿地、水平潜流湿地和垂直流湿地三种类型。各类型在运行、控制等方面的诸多特征存在着一定的差异（表5-9）。

表5-9 三种人工湿地水处理系统类型比较

特征参数	湿地类型		
	表面流湿地	水平潜流湿地	垂直流湿地
水力流动	表面漫流	基质下水平流动	表面向基质底部纵向流动
水力负荷	较低	较高	较高
去污效果	一般	对BOD、COD、重金属去除效果好	对氮、磷去除效果好
系统控制	简单，受季节影响大	相对复杂	相对复杂
环境状况	夏季有恶臭，易滋生蚊蝇	良好	夏季有恶臭，易滋生蚊蝇

人工湿地的工艺流程有多种，目前常用的有：推流式、阶梯进水式、回流式和综合式4种，如图5-7所示。推流式是最基本的形式。阶梯进水式可避免湿地床前部堵塞，使植物长势均匀，有利于后部的硝化脱氮作用；回流式可对进水进行一定的稀释，增加水中的溶解氧并减少臭味；出水回流还可促进湿地床中的硝化和反硝化作用，采用低扬程水泵，通过水力喷射或跌水等方式进行充氧；综合式则一方面设置水体回流，另一方面还将进水分布至湿地床的中部，以减轻湿地床前端的负荷。

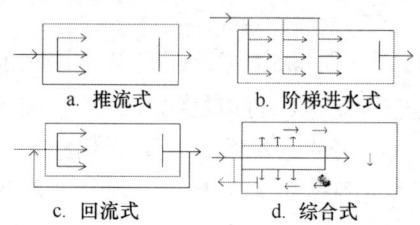

图5-7 人工湿地工艺流程示意

人工湿地的运行可根据处理规模的大小进行多种方式的组合，一般有单一式、串联式、并联式和综合式等，如图5-8所示。

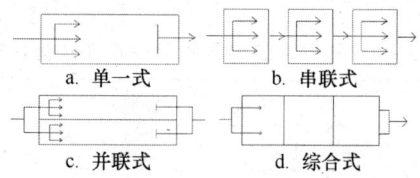

图5-8 人工湿地的不同组合形式

在湿地系统中，基质是植物的载体，是微生物的生长介质，它将湿地中发生的所有处理过程连成一个整体。基质还能够通过沉淀、过滤和吸附等作用直接去除污染物。对于基质的配置，主要考虑基质的种类、粒径、深度等。

人工湿地基质种类有：矿渣、粉煤灰、陶粒、蛭石、沸石和沙子等，其中煤灰渣基质对有机污染物的处理效果较好，矿渣对磷有很好的去除作用，在实际应用中，可根据养殖水体含有的主要污染物来配置合理的基质。

基质粒径的大小是影响湿地系统水力传导性的主要因素,直接关系到湿地床体的孔隙度,进而影响污染物在湿地中的停留时间。粒径大的基质,孔隙度大,所能容纳的污水量大,吸附作用的时间长,有利于污水的净化。湿地床的不同区域,对基质粒径的需求不同。进水配水区和出水集水区的基质,一般采用粒径为60～100毫米的砾石,分布于整个床宽。处理区最常选用的粒径范围是4～16毫米,实践表明,粒径为8～16毫米的基质,水力传导性好,适宜植物生长,处理效果优。

基质深度是决定人工湿地过水断面面积和污水处理效果的重要参数,可根据系统所栽种植物的种类及根系的生长深度确定,以保证湿地单元中必要的好氧条件。通常表面流湿地对基质厚度的要求不太严格,潜流湿地的基质厚度约60厘米。

水生植物是人工湿地系统的有机组成部分(彩图30),其主要作用为:吸收利用和吸附富集污染物质、传输氧到湿地系统、为微生物提供栖息地、维持系统的稳定、积累有机物质。按生长习性,湿地植物可分为草本、灌木和乔木。人工湿地较多使用草本植物来净化污水,尤其是挺水植物,如被普遍采用的芦苇、黄菖蒲、美人蕉、香蒲和灯心草等。这些挺水植物根系发达、生物量大、生长率高,在人工湿地中能起到固定床体表面、提供良好过滤条件、防止淤泥堵塞等作用。而利用灌木、乔木作为湿地植物的报道较少,因为适应湿地环境的灌木、乔木不多。但也有一些乔木树种,如两栖榕、白千层、茶树精油、池杉、水翁和红树林部分树种(如秋茄、桐花树和白骨壤等)可作为湿地树种,它们对污染物表现出较好的净化效果。在建造湿地时,植物的选取应遵循下列原则:适地适种、耐污能力强、净化能力强、根系发达、经济和观赏价值高,同时还要重视不同植物种间的搭配。

(5)配套设备 生态循环水鲟鱼养殖系统的主要配套设备包括增氧设备、抽水设备、发电机组和故障报警设备等。

增氧设备可采用罗茨鼓风机、纯氧供应站等,抽水设备应根据扬程高低选择合适的抽水机,应以出水量多而功率小为原则来配

备；在养鱼池和集水池平位或落差较小时，通常使用能量消耗较低的气提方法进行水的扬升。所谓气提就是在将抽水高度降低到最低程度的前提下，利用气泵为循环水提供动力。气提的装置由若干根提水管组成，可根据所需提水量的大小进行调节（彩图31）。气体在一定的压力下被充入提水管水下的一端后，即形成无数的气泡，气泡在上浮的过程中体积不断膨胀，在提水管的另一端必将有一定量的水带出，从而达到提水的目的。另外，气泵在提水的同时，也将空气中的氧气溶入水中，在一定程度上达到增氧和曝气的目的。提水量的大小取决于不同的气压和提水高度。在同样功率的条件下，提水高度（即扬程）越高，气泵的提水量越小。因此，在维持水体循环系统正常运转的条件下，应尽量降低提水高度。气压与提水量的关系成正比，气压越高，提水量越大。气提泵在提水过程中也有增氧的功能。

发电机组是循环水养殖系统必不可少的应急设备，其配备功率应为所有设备激活时所耗功率的120%；停电或设备故障报警系统的最简单设计就是使用电流阻断的方式激活各种警报装置，如声音、灯光或通信系统。

三、生产管理

生态循环水鲟鱼养殖系统的养殖管理必须相当严谨，每一个细节都相当重要，而且环环相扣，任一环节失当，都可能造成较大损失。生产管理主要包括放养密度、饲料及投喂和水质管理。

1. 放养密度

放养密度应根据生态循环水养殖系统的最大养殖载荷、放养规格、养殖周期和预期商品鱼规格确定。

养殖载荷是指循环水养殖系统负荷养殖对象数量的能力，称系统的允许容纳量。由于该系统由沉淀池、过滤池及人工湿地等水体共同作用才能为养殖对象提供所需的环境条件，因此养殖载荷一般以系统内养鱼池水体的单位体积的载鱼量表示。从实际生产看，鉴于设施结构、工艺、管理技术水平等的不同，系统的养殖载荷有很大差异，每立方米水体从数十千克至数百千克不等。

例如：一个生态循环水鲟鱼养殖系统在正常运转时的最大载鱼量为 50 千克/米³，放养鲟鱼的规格为 100 克，养殖周期为 3 个月，预期长成规格 0.75 千克，存活率按 98% 计算，则放养时的养殖密度为 50÷0.75÷0.98＝68 尾/米³。

2. 饲料及投喂

生态循环水鲟鱼养殖系统在养殖过程中所使用的饲料和基本投喂方法与鲟鱼流水养殖类似，可参照网箱养殖的方法。值得注意的是，饲料散失是本系统水体中有机物的主要来源，而水体中有机物的净化又以一定的能耗（维持净化设施运转）和水面占用（各类净化设施所需水面）为代价，因此，提高投饲技术对本系统鲟鱼养殖有更为重要的作用和意义。首先，整个饲养过程投饲应在预先制订的合理的计划指导下进行，从总体上防止投饲工作受人为干扰而产生较大的偏差；其次，由于本系统水温和溶解氧等因子昼夜变化较小，每天的投饲次数相应较多（4~6 次），应根据鲟鱼夜晚摄食较好的习性，多安排夜晚投食次数；第三，每次投饲应以计划规定量为基础并结合实际观察，若鱼抢食不积极或池底可见剩饵，即使未达规定投饲量也应中止投饲；第四，饲料的粒型、粒度应有很好的适口性，投入水中后能耐受一定时间的浸泡而不溶散，饲料中的粉末必须严格筛除，避免其进入水中；此外，应尽可能避免投喂易溶散的糊状饲料。

3. 水质管理

（1）水质监控　生态循环水鲟鱼养殖系统运行过程中的水质优劣直接反映出水质净化设施工作状况，并影响到养殖生产的安全和效益的高低。因此，水质监控是循环水鲟鱼养殖生产管理中最为重要的工作。常规监测项目如水温、溶解氧、氨氮和亚硝酸盐含量应 1~2 天测定一次，根据水质指标的变化及时采取措施。如减少载荷量、加新水、泼洒絮凝剂和生物制剂等。

（2）水质净化系统运行管理　曝气、沉淀和生物过滤等设施在系统污水净化过程中各自发挥着不可替代的作用，其中任一环节的失误，都将影响整个系统的净水效果。首先，必须随时注意各设施进、出水及输气管路的畅通。当流速过大或沉淀物积累过

多时，沉淀效果即会受到影响，部分有机悬浮物会随水流溢出而进入滤池，增大滤池负荷；滤池堵塞未能清除或脱落的生物膜团块未能及时捞出都会使生物过滤过程受阻；如输气管道或散气器具欠畅通则会使污水曝气不充分，水中溶解氧不充足，可直接影响生物过滤的效果。因此，应随时检查各设施的进、出管路是否畅通，定期做好清理疏通工作，一旦发现系统的水位、流量或水质指标出现异常，应立即检查各级设施进、出管路是否存在堵塞。

在新建或重新启动的生态循环水养殖系统内，滤池生物膜的形成及达到一定的净化能力需要一个过程。水温在20℃左右时，一般约需2个月好气性细菌的种群相密度才能达到稳定，生物膜随之趋于成熟。因此，在养殖生产前或养殖生产的开始阶段必须对生物膜进行培养以促使其成熟。培育生物膜有两种方法，一是在系统投入养殖运行前约半月，在滤池中施化肥以促使生物膜的发育，一般每立方米水体施尿素10.0克和过磷酸钙1.7克；另一种做法是将封闭系统直接投入养殖运行，但前期养殖载荷应远低于设计指标，待生物膜自行形成后再逐步增加养殖载荷。

该养殖系统运行过程中，或因鲟鱼的生长，其现存量超过系统负荷能力，或因设施故障导致系统净水效能减弱，系统水质将逐渐变差直至完全恶化。水质下降的显著标志是水中总氮及亚硝态氮含量超过水质标准而溶氧量减少。在此情况下，必须迅速查明水质变差的原因并加以处理，同时可采取下述措施缓解水质变差对鲟鱼的影响：①应逐步增大循环系统与外界的水交换量，新水的补充由正常时的5%~10%增至20%以上，必要时可彻底换水，以尽快恢复系统的水质状况；②通过销售和转移的方法减少系统的载鱼量或减少甚至停止投饲，显著降低循环系统的净化水体负荷；③针对水质净化过程中的薄弱环节采取临时性措施以增强其净化功能，如增大供气机械功率提高水体中氧气含量或在沉淀池中施用明矾等促进水体中悬浮物沉淀。

四、生态循环水养殖施氏鲟实例

本实例为江苏省淮安市何玉明的养殖经验。

（1）**养殖条件** 该系统由养殖池和水处理系统构成。养殖池总面积为1 248平方米，其中苗种培育面积为300平方米，成鱼养殖面积为948平方米。苗种培育池为直径2米的玻璃钢圆形池，共120个；成鱼养殖车间分为4个单元，均使用水泥池，共107个池，每个池面积为7.2~15.0平方米，池水深为0.6~0.7米，其中1号成鱼养殖车间共有水泥池30个，每个面积为7.2平方米，养殖面积共计216平方米，养殖池平均水深为0.65米，养殖水体共计为140.4立方米。各池口均配置进、排水和增氧设施。养殖车间水源为深井水，出水口平均水温20℃。

水处理系统由沉淀池、曝气反滤池、人工湿地、生化滴流池、集水（增氧）池及水泵、增氧泵等构成。其中5立方米沉淀池1个，100平方米曝气反滤池8个，人工湿地768平方米，56平方米生化滴流池1个，集水池2个（共25平方米）；动力设备为：离心水泵3台，增氧泵2台，总动力为10千瓦。整个水处理系统除沉淀池外均置于1 000平方米的钢架塑料大棚内。反滤池和滴流池内填置生化海绵和自行研制的功能性滤料，共用滤料60立方米。人工湿地栽植30余种观赏水草。

循环系统的运行：养殖车间排出的水，利用水位差先后流经沉淀池、反滤池和人工湿地后入集水池，经水泵提升至滴流装置后流入集水（增氧）池，再经增氧，直接泵入养殖车间各池，实现闭合循环，连续运行。每天水循环处理量为3 000吨，循环6次。运行期间每10天左右排污1次，每天清除水中漂浮物和整修水草，定期对进出水水质进行测定。

（2）**技术与方法** 鱼种放养：养殖品种为施氏鲟，苗种自行培育。2002年（循环水处理系统运行前）平均放养规格为体长20~30厘米，体重100克，平均放养密度为18.5尾/米^3；2003年（循环水处理系统运行后）平均放养规格为体长29厘米，体重105克，平均放养密度增加为46.2尾/米^3。

水质管理：2002年采用静水养殖每日换水的方法，每天09:00—10:00，各池换水80%左右；2003年，系统运行后，鱼池不换水，池水每天循环6次，水循环期间每天需补充占总水量

2%左右的深井水,以弥补水的蒸发和渗耗。

投饲:饲料使用鲟鱼专用商品颗粒饲料,投饲量一般掌握在载鱼量的2%~5%,每天投喂4次,白天夜间各2次。2002年养殖后期由于夜间水质恶化,投饵基本不吃,改为白天投喂2次,夜间不投饵。

疾病防治:2002年每月都采取外泼药物和内拌药饵办法防治疾病1次;2003年除苗种入池前用药物消毒外,养殖全过程没有使用任何药物,仅在循环水处理系统中适时施用复合菌。

(3)结果与分析　表5-10为2002年(循环水处理系统运行前)和2003年(循环水处理系统运行后)1号车间(养殖水体为140.4立方米)施氏鲟商品鱼养殖生产结果。

表5-10　生态循环水处理系统运行前、后放养和收获情况对比

时间	放养				时间	收获			
	平均规格/		单位水体放养量/			平均规格/		单位水体产量/	
	厘米	克	(尾·米$^{-3}$)	(千克·米$^{-3}$)		厘米	克	(尾·米$^{-3}$)	(千克·米$^{-3}$)
2002年2月15日至2002年2月17日	28.5	100	18.5	1.85	2002年10月3日至2002年10月5日	58	625	17.1	10.66
2003年2月20日至2003年2月28日	29.0	105	46.2	4.85	2003年8月15日至2003年8月20日	65	675	45.7	30.88

从表5-10看出,2002年养殖期约为8个月,2003年仅为6个月,在两年放养平均规格相近的情况下,2003年总放养尾数和重量分别比2002年增加了3 888尾和421.2千克;单位水体(1立方米)放养尾数和重量分别增加了27.7尾和3千克;2003年收获时平均体长和体重分别比2002年增加了7厘米和50克;总收获尾

数和重量分别比 2002 年增加了 4 028 尾和 2 838.5 千克；单位水体（1 立方米）收获尾数和重量为 45.7 尾和 30.88 千克，分别增加了 28.6 尾（167.6%）和 20.22 千克（189.7%）。

投入与产出情况：表 5-11 是 2002 年和 2003 年 1 号车间施氏鲟商品鱼养殖的投入与产出情况对比表。从表 5-11 结果分析得知，2003 年比 2002 年总成本增加了 3.307 1 万元，总产值增加了 9.650 9 万元，总利润增加了 6.343 8 万元；分别增加了 0.92 倍、1.90 倍和 4.29 倍。

表 5-11 生态循环水处理系统运行前、后投入与产出情况对比

项目		年份	
		2002	2003
投入	鱼种/尾	2 268	6 480
	鱼种/万元	1.608	3.888
	饲料/千克	1 646.3	4 093.7
	饲料/万元	0.955	2.374
	水/吨	27 401.2（深井水）	154 159.2（循环水）
	电/万元	0.246 61	0.374 60
	人工/人	1	0.5
	人工/万元	0.4	0.2
	药物/万元	0.40	0.08
	小计/万元	3.609 5	6.916 6
产出	产量/千克	1 497	4 330
	产值/万元	5.089 8	14.740 7
	利润/万元	1.480 3	7.824 1

由表 5-10 和表 5-11 计算可得，2002 年养殖成活率为 92.4%，2003 年养殖成活率为 99.1%，生态循环水处理系统运行后鲟鱼商品鱼养殖成活率比运行前提高了 7.3 个百分点。运行前 1 号成鱼车间养殖期内共投喂饲料 1 646.3 千克，鱼体总增重 123.78

千克，饲料系数为1.33；运行后共投喂饲料4 093.7千克，鱼体总增重3 655.1千克，饲料系数为1.12，比运行前下降了0.21。

在循环水处理系统运行之前，1号成鱼养殖车间各池需每天换水80%一次，每天总消耗水量为112.3吨，一个养殖期总耗用深井水量为27 401.2吨；而在运行后各池无须每天换水，仅需补充水量2%左右，以弥补损耗，每天总消耗水量为2.81吨，一个养殖期总耗用深井水量为513.9吨。每口池每天循环6次，循环水量为28.08吨，一个养殖期总水体的循环水量为154 159.2吨。将运行前、后的结果对比可以得出，使用循环水后，深井水日消耗水量比运行前减少109.49吨，总用水量减少26 887.3吨。

第四节 池塘养殖

鲟鱼池塘养殖是指利用静水或微流水土池进行鲟鱼养殖的一种模式（彩图32）。可选择单养或混养方式。不同的鲟鱼品种对水质的要求不同，匙吻鲟由于喜食浮游动物，要求水质偏肥，因此，目前在池塘中主养或单养匙吻鲟较多见。其他鲟鱼品种，由于对水质要求严格，水质管理难度较大，目前在池塘中养殖不多。

一、池塘条件

1. 位置

养殖鲟鱼商品鱼的池塘，应位于水源充足，水质良好，交通方便，电力和通信设施齐备的地方。这样既有利于鱼池的注、排水，也方便鱼种、饲料和商品鱼的运输。

2. 水源

鲟鱼养殖池塘可用河水、水库水、地下水等作水源。要求水质清新，水源充足，保障养殖过程换水的需要。相对其他淡水养殖鱼类，鲟鱼对水质要求更高，养殖期间溶氧量应保持在6毫克/升以上，透明度应大于30厘米，pH值应在7.0~8.5之间。

3. 土质和底质

鲟鱼养殖池塘的土质，以壤土最好，砂质壤土和黏土次之，砂土最差。壤土黏度适中，保水能力强，且通气性能好，池底有机物容易分解。黏土池塘虽能保水，但容易板结，通气性差，容易造成水中溶解氧不足。砂质壤土池塘渗水性大，保水性能差，池塘基容易崩塌。

鲟鱼养殖池的底质应无废弃物和生活垃圾，无大型植物碎屑和动物尸体，底质无异色、异臭，有毒、有害物质最高含量应符合《农产品安全质量 无公害水产品产地环境要求》中的规定（表5-12）。

表5-12 底质有害有毒物质最高限量

项目	指标/（毫克·千克$^{-1}$）（湿重）	项目	指标/（毫克·千克$^{-1}$）（湿重）
总汞	≤0.2	镉	≤0.5
铜	≤30	锌	≤150
铅	≤50	铬	≤50
砷	≤20	滴滴涕	≤0.02
六六六	≤0.5		

池塘经过一段时间的养鱼，在底部逐渐形成一层厚的淤泥，这是残剩的饲料、鱼类粪便和其他动植物尸体等不断沉积，与池底的泥沙混合而成的。淤泥过多，会消耗水中溶解氧，还会产生硫化氢、氨等有害物质，造成水质恶化，影响鲟鱼生长甚至引起死亡。因此，必须及时清出过多的淤泥，改善底质条件，才能保持良好的水质，淤泥厚度应控制在10厘米以下。

4. 形状和规格

池塘形状以长方形、东西向为宜，长、宽比为3:1。养殖鲟鱼商品鱼的池塘一般每口面积为5~8亩，池深为2.5~3.0米。

5. 其他设施

（1）饲料台 每亩鲟鱼养殖池塘应沿长边设1~2个饲料台，每个饲料台面积为6~10平方米。饲料台应设在投喂方便，水交换

较好的地方，离池底20厘米左右，水面设浮标，利于定点投喂和鲟鱼摄食。由于饲养匙吻鲟一般投喂浮性颗粒饲料，饲养匙吻鲟的池塘的饲料台应为浮在水面的竹制方框。

（2）**增氧机** 为池塘养鲟必备设备，以叶轮式增氧机为好。5~8亩的池塘可配备2~3千瓦功率的增氧机。

二、养殖方式

1. 以鲟鱼为主养品种的养殖方式

这种养殖方式是指在池塘的放养结构中，以鲟鱼为主要放养对象，少量搭配其他品种。搭配品种以能调节水质或提高水体利用率的常规品种为放养对象。在主养匙吻鲟的池塘中，以少量搭配斑点叉尾鲴、草鱼等为宜；在主养其他鲟鱼的池塘中，以适量搭配鲢、鳙为宜。

2. 以鲟鱼为搭配品种的养殖方式

这种养殖方式是指在池塘的放养结构中，以常规养殖品种（如鲢、鳙、草鱼、青鱼、斑点叉尾鲴、鳜鱼等）为主要放养对象，少量搭配匙吻鲟或其他鲟科鱼。在制定具体的放养方案时，应考虑食性的互补性及对可能的水质变化的适应性。在以吃食性鱼类为主要放养对象的池塘中，可搭配匙吻鲟，如搭配匙吻鲟的规格为250克/尾，则放养密度为20~30尾/亩。在以滤食性鱼类为主要放养对象的池塘中，可搭配施氏鲟、杂交鲟等鲟科鱼类，放养规格为150~250克/尾，放养密度为50~80尾/亩。

三、管理技术要点

1. 池塘清整与消毒

放鱼前，对所选鱼池进行清整和消毒是改善池塘环境，提高商品鲟鱼养殖存活率的关键技术之一。

（1）**池塘清整** 清整前先将池水排干，挖出过量的淤泥，将池底整平，修好池堤和进、排水口，填好漏洞裂缝，清除杂草和砖石等，经暴晒数日后，即可用药物清塘。

（2）**池塘消毒**　鱼种放养前，须对池塘进行药物清塘。清塘效果较好的药物为生石灰，漂白粉、强氯精、茶饼等也可用于池塘消毒。生石灰清塘既可中和酸性底泥，使池底呈弱碱性，又能杀灭野杂鱼、寄生虫和病原菌等。

生石灰清塘方法：生石灰清塘宜在入种放鱼前10天进行，可采用干池清塘和带水清塘两种方法。干池清塘是先将池水排至5~10厘米深，然后在池底四周挖几个小坑，将生石灰倒入坑内，加水溶化，不待冷却即将石灰水向池中均匀泼洒。最好第二天再用长柄泥耙在塘底推耙一遍，使石灰浆与垢泥充分混合，以提高清塘的效果。也可将石灰盛在木桶内，边加水边向池中泼洒，直至石灰溶化完毕，池底要整个洒遍。干池清塘生石灰的用量为每亩池塘60~75千克。带水清塘就是将溶化的石灰水趁热向池塘整个水面均匀泼洒。生石灰用量为每亩池塘（水深按1米计）125~150千克。

清塘所用生石灰必须是块状的，存放时间不可过长，否则，生石灰吸收水分和二氧化碳逐渐变成粉末状的碳酸钙而失效，影响清塘效果。

生石灰清塘后的药效消失时间为7~10天。放养鱼种前一天，应用10~20尾放养鱼种试水24小时，确认池塘水体的清塘药物的药效消失后，再按计划放鱼。

2. 鱼种放养

（1）**鱼种选择**　放养鱼种的选择应以体质健壮，活力强，无畸形，规格整齐为标准。其中鲟鱼苗种要求全长20厘米以上，已完全转食人工配合饲料，体色正常，体形匀称。

（2）**放养密度**　池塘养殖时，水体环境的稳定性及水交换条件都较差，同时残剩饲料及鱼的粪便无法及时清除排出，水质易恶化，故养殖密度不能过高。表5-13所列为鲟鱼主养模式下鲟鱼的放养密度（仅供参考），具体视池塘条件和养殖鲟鱼品种而定，搭配品种可根据当地市场情况，选择与放养鲟鱼食性不相重复的品种。

表5-13 鲟鱼池塘养殖放养密度

规格/克	30~100	100~300	300~600	600~1 500
放养密度/（尾·亩$^{-1}$）	650~900	450~650	300~450	150~300

（3）放养操作 购回的鲟鱼苗种和其他混养鱼种，首先要经过适温平衡，试水，经调温、试水确认鱼种能完全适应放养池塘水体环境条件后，再消毒后放入池塘中。消毒方法为用浓度为2%~3%食盐水浸泡鱼种15~20分钟。

3. 饲料与投喂

匙吻鲟既摄食水中浮游动物、水蚯蚓、摇蚊幼虫等天然饵料，也能摄食人工配合饲料。因此，在主养匙吻鲟的池塘中，可以用施肥的方法培育池塘中的浮游动物，也可以投喂符合其营养需求的配合饲料。匙吻鲟为中、上层鱼类，喂养匙吻鲟的配合饲料以浮性膨化饲料为宜，且饲料粒径应根据饲养匙吻鲟的规格进行选择。

在主养施氏鲟、西伯利亚鲟、杂交鲟等的池塘中，只需投喂鲟鱼专用配合饲料，可根据不同鱼种规格选择不同型号的饲料。施氏鲟、西伯利亚鲟、杂交鲟等鲟科鱼类属底层生活习性，喂养这些鱼类的饲料以沉性饲料为宜。

鲟鱼鱼种刚下塘时，尚未形成在固定地点摄食的习惯，要及时驯化。可在鱼种放养后的第三天早晨开始对鲟鱼进行驯化，驯化过程中先向饲料台上撒入少许饲料，然后通过敲击池边石块或器皿发声给鲟鱼信号，观察有鱼到饲料台摄食后再撒入少许饲料，再给出信号，投喂饲料，不断反复，尽量把鱼引上饲料台，每次驯化过程要保持在1小时以上，并定时投喂。一般1个星期可完成驯化。

驯化后的投喂应坚持"四定"原则，在水温为15~25℃条件下，日投喂2次，日投喂量为吃食性鱼体总重的2%~3%，当水温高于或低于此温度范围时，日投喂量均要适当下调。投喂时速度不能过快，切忌一次性将饲料全部撒入饲料台，每次至少要分三批投喂，投喂时间在半小时以上，这样既可减少浪费，还可使每条鱼都能摄食到食物。在更换大粒径颗粒饲料时，要照顾到部分小规格鱼种，可在大颗粒饲料中掺入部分小颗粒饲料，以免造成小规格鱼种因吃不到饲料，以至饿死。

4. 日常管理

（1）巡塘 鲟鱼池塘养殖生产过程中最基本的日常管理工作，要求每天早、中、晚各巡塘一次。清晨巡塘主要观察鱼的活动情况，因这个时候水中溶氧量最低，鱼容易因缺氧而窒息死亡。午间和傍晚巡塘，可结合投饲，与检查鱼活动和摄食情况一起进行。夏季高温期，特别是天气闷热、气压低时，还要在半夜巡塘，发现缺氧征兆应及时采取开增氧机、加注新水等措施，防止泛塘。匙吻鲟缺氧征兆较明显，鱼群在水面散游，呼吸频率增加；而施氏鲟、西伯利亚鲟、杂交鲟等底栖鲟鱼类，一般都在池底活动，即使在溶解氧不足时，也不会出现明显的浮头现象，在溶解氧不足时，会直接肚皮上翻，出现昏迷，甚至死亡。这种情况只能根据几次巡塘结果综合判断或用溶氧仪测定水中溶氧量帮助判断。

（2）水质调控 鲟鱼较常规鱼类对水质要求严格。水质恶化严重者可直接导致鲟鱼因缺氧而窒息死亡，轻者可引起鲟鱼摄食变差，感染疾病等。因此，加强水质监测，并适时对水质进行调控是鲟鱼池塘养殖获得高产、稳产的关键技术。水质常规监测项目有水温、溶解氧和pH值等。溶解氧调控的最好办法是及时加注新水，当水中溶解氧低于4毫克/升时应及时换水，每次换水1/5～1/3，晴天每天下午开动增氧机1～2小时；pH值应控制在7～8，pH值过低会影响鲟鱼的生长和发育，一旦发现pH值降低，应及时泼洒生石灰水加以调节，每次用量为30毫克/升。

以匙吻鲟为主养对象的池塘，还要经常观察水色变化，根据水中浮游生物生长情况酌情进行追肥，促进池塘水中浮游动物的繁殖。以施氏鲟、西伯利亚鲟和杂交鲟等为主养对象的池塘，可采用混养肥水性鱼类或使用光合细菌和EM菌等方式改善水质。

（3）高温期管理 大多数鲟鱼种类的生存温度上限为30～34℃，超过这一温度界限，鲟鱼可能有生命危险。在华南地区，盛夏高温期鱼塘水温往往超过30℃，因此，在这些地区养殖鲟鱼，

就存在一个怎样安全度夏的问题,可从如下几个方面着手解决:①选择合适的放养时间,投放大规格鱼种,以缩短养殖用期。可在盛夏高温期过后才投放大规格鱼种,经过10个月的养殖,于第二年高温期到来之前起鱼上市,可避开高温期。②采用面积较大、较深的池塘养殖。池塘大,水体容量大,水环境稳定。一般夏季池底深处的水温要比上层水温低几度,使鲟鱼能安全度夏。③高温期加强水温监测,加大换水量,有条件的可采用微流水养殖,以降低池塘水温。④在池塘上面搭遮光棚,减少阳光照射,避免水温大幅度上升。

(4)**检查生长情况** 每月抽样检查鲟鱼的生长情况,根据鱼的体重调整投饲率和养殖密度。当池中鲟鱼生长差异过大时,要按其规格分池饲养。

(5)**鱼池环境和饲料台清理** 随时捞出水中污物、死鱼等,清除池边杂草,定期清洗并消毒饲料台,是保障池塘清洁的日常工作,这样既可避免水质污染,减少水体溶解氧消耗,又可预防疾病的爆发。

(6)**做好日志记录** 为便于随时查看各鱼池的养殖资料和日后的产品追溯、经验总结等,管理者应认真做好生产日志记录。主要记录内容包括池塘面积、水深、放养种类及数量、放养时间、每天水质状况、投食数量及时间、鱼病情况及处理措施、产出规格及数量等。

四、养殖实例

1. 池塘主养西伯利亚鲟

本实例为河北省石家庄市高宝安的养殖经验。

(1)**养殖条件** 池塘面积在 0.20~0.67 公顷,水深保持在 1.5 米以上,平均每 0.13 公顷水面搭建一个饲料台,饲料台一般长为5~10米,宽为2~3米,是用50厘米见方(50厘米×50厘米)的水泥板沿池塘壁铺设而成,台底要求平整,另外,池塘配有进、排水闸各一个,各池配有增氧机,水源为地下泉水,在放养鱼种前对池塘进行生石灰消毒,用量为 2 250 千克/公顷。

(2) **技术与方法** 鱼种放养：2004 年 8 月 15 日（水温为 24℃），开始鱼种放养，放养的西伯利亚鲟规格为 100~150 克/尾，体质健壮，活力强，无畸形，规格整齐。放养密度为 1.5 万尾/公顷，由于水比较清瘦，没有搭配其他鱼种。如果有条件可适当搭配花、白鲢。鱼种在放养前用 1.0% 的食盐加 0.5% 的土霉素洗浴 10~15 分钟。

饲料投喂：饲料采用广东统一牌鲟鱼饲料。在放养第二天晚上，开始对鲟鱼进行定点投喂驯化，经过 1 周，驯化基本成功。一般在水温为 20~26℃ 时，投喂 4 次，夜间多投。日投喂量按鱼体重的 2% 投喂，每隔 20 天测量一次体重并调整投喂量。当温度低于 8℃ 以后，基本不喂或少喂。

水质管理：在放入鱼种 1 周后，把水位调到 2 米以上，由于这里是自流泉水，所以池塘水透明度一直保持在 40 厘米左右，溶解氧在 5 毫克/升以上，对那些不能每天换水的池子，要及时开增氧机，及时加换新水，以防缺氧造成损失。

日常管理：每天巡塘，及时查看进、排水闸，以防把水堵死，还要防逃。晚上喂鱼时，注意观察鱼的活动和摄食情况。定期对饲料台进行清污，定期投喂药饵。

(3) **结果与分析** 到 2005 年 2 月 20 日，开始对鲟鱼拉网出塘。采用长为 50 米，宽为 3 米，网眼为 1.5 厘米×1.5 厘米的聚乙烯拉网，在拉网过程中，采用只拉上纲，不拉底纲的方法，效果很好，鲟鱼起捕率达到 90% 以上。收获的商品鱼最大规格达 850 克，最小规格达 400 克，平均规格为 500 克以上，另外还有 1% 的老头鱼。总体单产在 500 千克/亩以上。

2. 池塘主养匙吻鲟

本实例为湖北省襄樊市李修峰等人的养殖经验。

(1) **池塘条件** 池塘位于湖北省襄樊市王坡水库坝下，背风向阳，面积为 6 亩，水深为 2 米。池塘为东西长方形，池形规则，坡度适中，底质为壤土微沙，池底平坦，淤泥为 20 厘米左右。水源充足且方便，水质清新、无污染，pH 值为 7.0~8.5，溶解氧在 4.0 毫克/升以上，排灌方便。

（2）技术和方法　放养前的准备：在投放鱼种前，放干池水，清除过多的淤泥，修整好进、排水口，加固池埂。放鱼前15天用生石灰200千克/亩化浆趁热均匀泼洒全池。

施肥与饵料培养：培养鱼种下塘后的天然饵料，一是鱼种投放前10天，加水至水深达1.0米，用充分腐熟发酵的有机肥（以牛粪为主、大草为辅）250千克/亩均匀泼洒全池水面；二是每隔5~7天根据水色适当追肥，追肥以有机肥（牛粪、大草等）为主，经过充分腐熟发酵后在连续晴天的09：00—11：00均匀喷洒到池水表面，每次追肥的量为基肥的1/5左右，避免因施肥过多造成缺氧。

鱼种放养：匙吻鲟从水利部中国科学院水库渔业研究所购回，规格为40~81克/尾，其他鱼种为自养鱼种。匙吻鲟鱼种放养时间为2004年5月10日。详细放养情况见表5-14。

表5-14　鱼种放养情况

匙吻鲟		鲢		草鱼		青鱼		团头鲂	
重量/千克	尾数	重量/千克	尾数	重量/千克	尾数	重量/千克	尾数	重量/千克	尾数
33.4	556	47.9	436	41.3	262	33.1	132	9.0	346

购回的匙吻鲟鱼种首先要经过调温、试水，经调温、试水确认鱼种能完全适应池中环境条件后，然后放入池水中事先插好的捆箱（锦纶丝缝制而成，光滑无刺）中，用3~5克/米^{3}聚维酮碘（碘络酮）溶液浸泡15~20分钟消毒。其他鱼种用3%~4%的食盐水浸泡20~30分钟消毒。消毒后的鱼种再放入池塘中饲养，先放匙吻鲟，过半个月后再放养其他混养鱼类。

饵料投喂：一是针对匙吻鲟的营养需求，充分利用现有设备和当地的饵料资源，自行加工配合饵料，饵料的配方为：鱼粉50%、血粉3%、蛋白粉4%、饼粕5%、酵母粉5%、三粉26%、鱼油4%、多维1%、预混料2%。加工而成的膨化浮性配合颗粒饵料的粒径分别为2.5毫米、4.0毫米、6.0毫米。每天投喂3~5次，每次30~50分钟（初期每次投喂时间为90分钟左右），每天投饵的时间分别为 08：00、11：30、16：30、20：00 和 23：00，日投饲量为鱼体重的 1%～4%，幼鱼时多投（4%），成鱼时少投（1%～3%）；二是投喂鲜草（以苏丹草、黑麦草为主，辅以其他嫩草）。每天投干啤酒糟及鲜草量为草鱼、鳊鱼体重之和的 10% 左右；三是每 20 天左右抽检鱼的生长情况，及时调整投喂饵料的量。

水质调控：经常换水，每次换水量为池塘水体的 1/10～1/7，养殖过程中保证水温不高于 30℃，保持水质的清新、爽嫩，透明度在 30 厘米左右。定期泼洒生石灰，每隔 15～20 天泼洒生石灰 400 千克，保持池水 pH 值在 7.0～8.5 之间。配备 2 台 1.5 千瓦的叶轮式增氧机，每天 23：00 至次日 08：00 开机 9 小时，其他时间根据溶解氧状况适时开机。

及时防病：快速生长的季节（水温 23℃ 左右时），每周投喂一次药饵，防止肠炎的发生。在拉网检查鱼生长状况时用 20% 的福尔马林浸泡鱼体，防止寄生虫病的发生。

（3）**结果与分析** 2004 年 11 月份收获商品鱼，收获的鱼产量详见表 5-15。

表 5-15　收获情况　　　　　（单位：千克）

匙吻鲟		鲢		草鱼		青鱼		团头鲂		合计
单产	总产	单产	总产	单产	总产	单产	总产	单产	总产	总产
229.5	1 377.0	108	649	101	606	56	336	41	243	535	3 210

经济效益分析：总产值 136 815 元，扣除鱼种费、饲料费、鱼药等费用 37 123.1 元，利润为 99 691.9 元，亩利润为 16 615.3 元，投入产出比为 1∶3.68。

3. **丁鱥池塘套养匙吻鲟**

本实例为黑龙江省哈尔滨市董宏伟的养殖经验。

（1）**养殖条件** 养殖池塘面积为 10 亩，长方形，东西走向，平均水深为 2.2 米，底泥厚度为 10 厘米。水源为地下井水，水量充足,无污染,水质符合《无公害食品 淡水养殖用水水质》标准。

(2) **技术与方法** 鱼种放养:鱼苗放养前,对池塘进行彻底消毒,采用干法清塘消毒,每亩池塘用生石灰100千克,入池前7天,每亩施鸡粪100～150千克,然后注水50厘米深,待饵料生物达到高峰时,开始放鱼苗,丁鱥、匙吻鲟苗种放养前用食盐浸洗消毒,具体放养情况如表5-16所示。

表5-16 苗种放养情况

放养品种	放养时间	放养规格/厘米	放养尾数/尾	亩放养量/(尾·亩$^{-1}$)
丁鱥	5月26日	22	35 000	3 500
白鲢	5月26日	2	10 000	1 000
匙吻鲟	6月5日	6	500	50

饵料投喂:6月10日前饵料生物充足,无须投喂,6月10日后天然饵料逐渐减少,及时投喂颗粒饲料,饲料选自哈尔滨市佳荣饲料厂生产的鲤鱼鱼种料,蛋白质含量为35%,每天投喂3次,按定点、定时、定量投喂法投喂。

水质调节:养殖期间,每隔20天注一次水,每次约为20厘米,匙吻鲟对溶解氧十分敏感,阴雨天和闷热天时最易浮头,因此,定期测量水温和溶解氧,溶氧量低时,及时开增氧机或全池泼洒生石灰(每亩按10千克计)方法调节水质,高温季节的晴天,每天下午开机增氧1～2小时,保证匙吻鲟鱼苗在良好的环境中生活。

鱼病防治:丁鱥和匙吻鲟均是抗病能力较强的鱼类,在养殖阶段易患的疾病主要是锚头蚤病,进行全池泼洒晶体敌百虫,使池水浓度为1毫克/升便可治愈,北方地区易患的三代虫、指环虫及细菌性鱼病均按常规鱼类疾病防治。

日常管理:坚持巡塘,注意天气、水温、水质变化情况,做好鱼池记录,定期测量鱼体生长情况,及时调整投饵量,每隔20天左右,检查一次饵料点,观察是否有残饵。

(3) 结果与分析　出池情况：10 月 3 日出池，获得匙吻鲟 300 尾，成活率达到 60%，具体出池情况见表 5-17。

表 5-17　匙吻鲟出池情况

品　种	出池规格/（克·尾$^{-1}$）	出池数量/千克	亩产量/（千克·亩$^{-1}$）
丁鱥	73	2 650	265
白鲢	75	600	60
匙吻鲟	600	180	18

经济效益分析：总成本为 26 430 元：丁鱥夏花费用为 1 400 元（3.5 万尾×400 元/万尾），白鲢夏花费用为 200 元（1 万尾×200 元/万尾），匙吻鲟苗种费用为 3 000 元（500 尾×6 元/尾），水电费为 2 000 元（10 亩×200 元/亩），药品费为 2 000 元，粪肥费为 500 元，饲料费 13 320 元（3.7 吨×3 600 元/吨），人工费为 3 000 元［600 元/（人·月）×1 人×5 个月］，其他费用为 1 000 元。

总产值为 45 000 元：丁鱥鱼种收入 31 800 元（2 650 千克×12 元/千克），白鲢鱼种收入 2 400 元（600 千克×4 元/千克），匙吻鲟收入 10 800 元（180 千克×60 元/千克）。

总利润为 18 580 元，亩利润为 1 858 元，其中匙吻鲟占总收入的 24%，其投入产出比为 1∶3.6。

第五节　大水面放养

大水面养殖是指将人工培育到一定规格的鲟鱼种，投放到天然河流、湖泊、水库等大、中型水体内，利用水体中天然饵料将鲟鱼养到一定规格后进行回捕的生产方式。这种粗放型的鲟鱼养殖方式，日常管理较为简单，也不需投饵，工作量不大，生产成本低，经济效益高。据 2006 年统计，我国湖泊养殖面积为 97.824 万公顷，水库养殖面积为 190.958 万公顷，大多处于温带地区，很多水域适合鲟鱼养殖。由于大水面自身的水域宽广、水质清新的特

点,且采用不投饵的生产方式,生产的鲟鱼商品鱼品质比集约化养殖方式养殖的鲟鱼肉质更加鲜美。

一、水域条件

适合进行大水面养殖鲟鱼的水域应具备以下几个条件。

1. 水质条件

要求水质清新无污染,各项理化指标符合《渔业水质标准》,水中溶氧量在6毫克/升以上,pH值为6.5~8.5,水温为4~30℃。

(1) **生物条件** 对于拟放养滤食性的匙吻鲟的水域要求水体中初级生产力较高,浮游动物品种多,数量丰富,且不能放养鳙鱼等食性相同的鱼类。

对于拟放养施氏鲟、西伯利亚鲟和杂交鲟等的水域,要求水体中杂食性鱼类种群数量低,特别是底栖杂食性鱼类、凶猛性鱼类的数量必须很少,但水体中底栖生物量比较丰富,以保证放养的鲟科类的鱼有充足的食物。

(2) **环境条件** 放养鲟鱼的湖泊、水库,要求水域面积在1 000~10 000亩较合适,平均水深在5米以上,底质平坦。湖、库上游及周边无污染型企业,社会治安环境较好,无偷捕、电鱼、炸鱼等扰乱生产秩序的行为发生。

二、拦鱼设施

湖泊和水库的上游都有进水河道,湖泊的下游都有河道和涵闸相连接,水库的下游都建有大坝及其枢纽,包括泄洪道、输水管道和电站进水口等。上游的河道、下游的涵闸和各种进、出口,都是可能逃鱼的地方,如果管理不当,发生逃鱼,将直接影响养鱼的效果。为了防止放养的鲟鱼和其他养殖鱼类的外逃,对所有的进、出口特别是出水口,都必须建有拦鱼设施。

拦鱼设施的种类繁多,拦鱼效果也不一样,要因地制宜,因水设拦,尽量选择结构简单、造价低廉、使用方便、经久耐用、效果较好的种类。我国主要使用的拦鱼设施有以下几种。

1. 竹箔

竹箔是浅水湖泊最为原始和最为常见的拦鱼设施之一，拦鱼效果很好，深受江南渔民的欢迎。但由于竹箔成本高、笨重、使用寿命短，近20年来已逐渐被网箔所代替。

2. 网箔

网箔拦鱼是20世纪60年代初期发展起来的拦鱼设施，其特点是能适应各种类型水域的生态环境，过水能力强，操作管理方便，具有一定排除漂浮物的能力，成本低廉，经久耐用，拦鱼效果好，是目前使用最普遍的拦鱼设施之一。

网箔由主桩、撑桩、拦鱼网和船门4个部分组成。主桩用楠竹或钢筋混凝土墩做成，不宜太密，一般间距为8~30米，急流处间距可小些，水流缓慢处间距可大些。主桩要打进湖底下2米左右。每个主桩用1个撑桩撑住，撑桩的位置在网箔内的水流方向上。深水湖可用钢丝绳作撑桩。钢丝绳的一端连着主桩，另一端缚在一个2米长的木桩上，把木桩打入湖底即可。船门建在深水处，宽度根据过往船只的大小而定，一般为8~10米。拦鱼网的网衣和门箔上的网片，均可用乙纶线加工制成。网目大小为2~3厘米。网衣由主网和底敷网两部分组成。主网的高度按最高水位而定，网衣高出水面1米。主网上端装有上纲，上纲由浮子和主桩相连接，下纲安装铁链作为沉子。底敷网与主网下纲相连接，宽度为1米。这种结构，网衣和湖底就不会有空隙，鱼不会从底部外逃。船门安装网箔，网箔上纲装有浮子，船只通过网箔时，网箔可以自由下降和上升。这样既不影响行船，鱼也不会从门箔处外逃。网箔结构如图5-9所示。

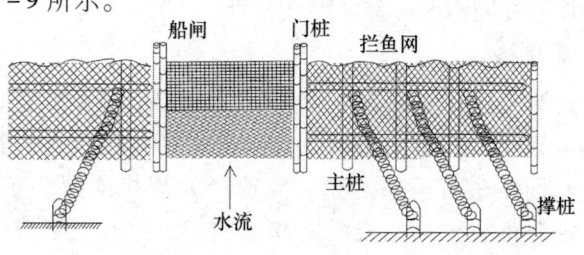

图5-9 网箔结构示意

拦鱼设备的安装地点，必须离出水口有一定的距离。拦鱼设备的形式，根据口子的宽窄而定。水面宽的口子，可建成"一"字形。出水口狭窄处，水流又较急，必须建成"人"字形，可增加出水口的断面，以减少拦鱼栅承受来水的压力，避免拦鱼栅被流水冲垮。

3. 铁栅拦鱼栅

铁栅拦鱼曾被广泛用于各种水域的拦鱼设施，其特点是过水能力弱，抗洪阻力大，拦鱼效果差，又易被漂浮物和水流冲垮，况且造价昂贵，已逐渐被淘汰，目前仅在某些特殊水域环境中使用，如各种闸门、小型过水口、水库放水洞等使用。

4. 电栅

电栅拦鱼仅在某些水库的放水洞和泄洪道中试验使用，拦鱼效果良好。其特点是过水能力强，抗洪阻力小，不怕漂浮物，操作管理方便，但造价昂贵，耗电量大，故目前难以迅速推广应用。

三、鱼种放养

1. 品种选择

确定拟放养水域的鲟鱼放养品种时，首先应考虑水域的生态类型及水体的理化性状是否适合其生存。其次是水域里饵料生物基础、水域的鱼类区系组成、放养的鲟鱼品种是否与水域的原有种类在生境、饵料生物或其他方面有矛盾或激烈竞争。一般在水质较肥，鲢、鳙放养比例较少的大水面中，可选择放养滤食性的匙吻鲟，在水质清瘦，底栖生物丰富、底层鱼类放养较少的大水面中，可选择放养施氏鲟、杂交鲟等品种。

2. 放养规格

由于天然大水面一般不会干枯，很多与大江大河相连，其水体中生物种群复杂，敌害生物多，常常会有凶猛性鱼类的存在。因此，在大水面中进行鲟鱼养殖，应选择大规格的鲟鱼鱼种放养，这样可保证鲟鱼有较高的成活率和回捕率。放养规格最好是全长在30厘米以上或体重在100克以上的鲟鱼种。

3. 放养时间

放养时间选在秋末较好，因为大部分鲟鱼苗种在每年的这段时间，其规格正好在30厘米左右，且这时放养苗种也能避开夏季高温期，可避免因鲟鱼的高温不适而降低成活率。有些以灌溉为主的水库，秋季有时大量泄水，鱼种放养应避开泄水时间，可顺延至冬季。

4. 放养密度

从理论上讲湖泊、水库中的放养量要根据水体的鱼产力而定。鱼产力主要取决于水体中天然饵料生物的多寡及鱼类对这些饵料资源的利用情况。但在生产实践中，由于湖泊、水库的面积大、鲟鱼种价格高，放养量往往不足。一般来说，每亩水面放养30厘米以上的鲟鱼1~5尾即可。放养过多，也不利于其生长。

5. 放养地点

具体的放养地点最好在水域周边选择数个，把鱼种分散投放到不同的区域，以减少被凶猛性鱼类集中捕食的危险。放养地点应远离涵洞、泄洪道和泵站。

鲟鱼种放养时应注意，从外地购进的鱼种要做好鱼种锻炼和鱼种检疫工作。放养时要进行药物浸洗消毒，在鱼种的运输、捕捞和放养过程中要细致操作、周密计划。尽量避免对鱼体的损伤。放养时也要注意运输箱体内的温度与放养水域温度的温差不宜过大，应控制在2℃以内。

四、生产管理

1. 凶猛鱼类和竞争鱼类的防控

凶猛鱼类是指以吞食其他鱼类为生的鱼类品种，如鳜鱼、乌鳢、鲇鱼、翘嘴红鲌等。在大、中型湖泊和水库中，常有一些凶猛鱼类，大型凶猛鱼类能直接吞食放养的鲟鱼苗种，降低鲟鱼的存活率和回捕率，因此，在鲟鱼放鱼前和放养后都必须采取各种方法尽量清除大型凶猛鱼类。

清除凶猛鱼类有多种方法：可以随同成鱼大捕捞时捕起一部

分；也可根据各种凶猛鱼类的不同生活和生殖习性，采用不同的网具和钩具等渔具捕捉其幼鱼和成鱼；更要抓住凶猛鱼类的繁殖季节，除掉其产卵亲鱼。常用捕捉凶猛鱼类的渔具有：围网、浮刺网、三层刺网、毛钩和滚钩等。

2. 日常管理

大水面放养鲟鱼的主要管理工作是防逃、防盗和防被捕食：①指派专人看管水域进、出口的拦鱼设施并定期检查和清理，发现问题要及时维修，特别是在泄洪及台风前后，要及时检查、加固；②鲟鱼价格昂贵，要建立必要的治安机构，维护好渔业秩序，禁止非法捕鱼，尤其要严禁炸鱼和毒鱼；③养殖过程中也要定期除野；④在集中捕捞季节，要将误捕的幼鲟安全放回。

五、水库放养匙吻鲟养殖实例

本实例为重庆市万州区谭国良的养殖经验。

（1）**养殖条件** 匙吻鲟放养于三个小型水库中。其中蹬子河水库养鱼水面为9.2公顷，平均水深为13米，最大水深为16米，水温为10~30℃，pH值为6.5~7.5，透明度为20~35厘米，是一座集灌溉、防洪、施肥养鱼等功能为一体的小一型水库。玉乐水库养鱼水面为5.3公顷，平均水深为6米，最大水深为9米，水温为9~29℃，pH值为8.5左右，透明度为30~45厘米，是一座以供水为主兼有水产养殖功能的小二型水库。九龙水库养鱼水面为4.3公顷，平均水深为15米，最大水深为23米，水温为8.0~28.5℃，pH值为8.5左右，透明度为35~50厘米，是一座以灌溉为主，兼有供水、水产养殖功能的小二型水库。

（2）**技术和方法** 苗种是由万州区水产研究所在2001年4月从美国引进的受精卵经人工孵化、培育而成，放养时间、规格、数量见表5-18。

匙吻鲟放养到水库后，主要加强了日常饲养管理，加固了拦鱼设施，无偷鱼、钓鱼行为发生，无跑鱼现象出现。

表5-18　三个水库匙吻鲟放养情况统计

水库名称	放养时间	放养尾数/尾	平均体长/厘米	平均体重/克	放养密度/(尾·亩$^{-1}$)
玉乐	2001年9月7日	300	32.9	117.0	3.75
九龙	2001年9月7日	300	20.5	51.0	4.60
蹬子河	2001年11月2日	400	42.7	157.5	2.90

（3）结果与分析　至2003年11月26日捕捞检查，玉乐水库匙吻鲟平均体长为90.3厘米，平均体重为2.49千克；九龙水库匙吻鲟平均体长为87.2厘米，平均体重为2.01千克；蹬子河水库匙吻鲟平均体长为88厘米，平均体重为1.72千克。玉乐、蹬子河水库匙吻鲟起捕率高，生长良好，无任何病害，估计养殖成活率在95%左右；九龙水库是匙吻鲟由于放养规格较小等原因，成活率估计在85%左右，据此推算，三座水库可增产匙吻鲟1 878千克。

第六章　鲟鱼的病害及防控技术

内容提要：鲟鱼病害的特点及发生原因；鲟鱼病害的预防和治疗技术；病害防治与食品安全。

第一节　鲟鱼病害的特点及发生原因

随着鲟鱼人工养殖业的不断发展，鲟鱼大规模、高密度、集约化养殖方式的形成，鲟鱼卵、鲟鱼苗、商品鲟在国际、国内的流通加大以及有些养殖场的管理和技术措施不当，鲟鱼的病害逐渐显现出来。本章根据近年来国内、外有关鲟鱼病害的报道和作者多年从事鲟鱼病害防治的实践经验，着重介绍鲟鱼病害的特点和一些主要病害的防治技术。

一、鲟鱼病害的主要特点

与常规养殖鱼类相比，鲟鱼在生物学特性和生态习性方面均有其自身的特点。如鲟鱼出膜后的静卧期较长、鲟鱼在养殖过程中要经过食性转化期、鲟鱼对养殖水体水质要求较高等，所以鲟鱼病害与常规养殖鱼类病害有很大不同。只有正确认识鲟鱼病害的特点，才能有效地预防和治疗鲟鱼疾病。一般地说，鲟鱼病害有以下特点：①鲟鱼疾病多发生在稚、幼鱼期，鲟鱼成鱼阶段发病较少。尤其在仔鱼开口期和幼鱼转食期，这是鲟鱼苗种培育过程中两个敏感时期，往往会造成鲟鱼苗种大规模的死亡。②环境因素对鲟鱼疾病的发生影响更大。许多种鲟鱼的人工养殖场地与其自然栖息地地理位置相距很远,生态环境差异较大,使鲟鱼生存的胁迫因素增多,容易导致鲟鱼的某些生理机能失调,诱发疾病。如施氏鲟、西伯利亚鲟在广东、福建等地养殖发病率较高。③鲟鱼病害的研究大大滞后于鲟鱼养殖的发展速度。许多鲟鱼病害病原体的分离、鉴定、回感以及对药物的敏感性试验未见报道,目前,大多数鲟鱼病害的防治都采用经验方法。

二、鲟鱼病害的发生原因

鲟鱼疾病的发生是养殖水体环境、病原体和鲟鱼机体自身免疫力相互作用的结果,养殖水体环境、病原体是外因,机体自身免疫力是内因,只有当养殖水体环境恶劣,病原体大量滋生,鲟鱼自身免疫力下降时,鲟鱼疾病才会发生。

1. 环境因素

(1) **水温** 鲟鱼和其他常规养殖鱼类一样,也是变温动物,其体温随环境水温的变化而变化。实践证明,鲟鱼对水体水温和水体温差极为敏感,如果养殖水体长期高温或低温,或因转池、运输、昼夜温差等水温变化较大,都会使鲟鱼不适,生理机能失调,导致疾病发生甚至大批死亡。另一方面,水环境的温度还影响着水中污染源的毒性或病原体的消长。有人做过试验,温度每升高10℃,污染源的毒性就会增加2~3倍;此外,当温度升高时大部分病原体的繁殖速度成倍增长,这样,鲟鱼被感染的几率大大增加。

(2) **溶解氧** 水中溶氧量的高低对鲟鱼的生长和生存都有直接的影响。适当的高溶氧量不但可以降低水中有毒物对鲟鱼的毒性,促进水中有害因子的无害化,同时可以提高鲟鱼对饲料的利用率,使鲟鱼体质增强,抗病力增加;当水中溶氧量为3~6毫克/升时,鲟鱼对饲料利用率降低,体质减弱,对疾病抵抗力降低;当水中溶氧量小于3毫克/升时,鲟鱼开始出现浮头,如不即时采取增氧措施,水中溶氧量继续降低至2.8毫克/升以下时,鲟鱼会因窒息而死亡。值得注意的是,鲟鱼缺氧时的浮头症状不像常规养殖鱼类那样明显,须仔细观察

才能发现。水中溶氧量过高，达到过饱和状态时，则又会使鲟鱼苗种患气泡病。

(3) **pH 值（酸碱度）** 鲟鱼养殖的最适宜 pH 值范围为 7.2~8.0。适宜范围为 6.5~8.5。pH 值太低会侵蚀鲟鱼鳃组织，使鳃部发生凝固性坏死；pH 值太高使蛋白质发生玻璃样变性，鳃组织失去呼吸功能。养殖水体的 pH 值对药物和毒物的作用均有影响。因为任何药物均可视为酸或碱，有发挥其药效的最适 pH 值。对毒物而言，过低的 pH 值会加重水中 S^{2-}、重金属、CN^-、NO_2^{2-} 的毒性；pH 值越高，总氨氮一定时，水中分子氮的浓度增加，越易导致鲟鱼中毒。

生产实践中测试 pH 值，现场用 pH 值测试盒和便携式水质分析仪测试一般较准。如用 pH 试纸测试，一定要注意试纸的密封保存和试纸比色读数的正确性。pH 值调节方法相对简单，pH 值小于 7.0 时，可依情况施用适量的熟石灰或粉碎的石灰石；pH 值如大于 8.5 时，可以施用适量的石膏、酸（如醋酸、盐酸等），在鲟鱼的土塘养殖中，培养适当丰度的藻类也有一定的作用。

(4) **其他化学成分和有毒物质** 水中的其他化学成分主要包括氨氮、亚硝酸盐、硫化氢等，这些化学成分的含量超标，均会导致鲟鱼中毒死亡（具体水质标准见表 3-1）。在养殖水体中，因水体交换量太小，未及时排污清池，池底堆积大量的粪便和残饵等有机质，在微生物的分解过程中，消耗池中大量氧气，同时产生这些有害的化学物质。有些养殖场，鱼池的土壤中重金属盐类（铅、锌、汞等）含量过高或水源受工业废水的污染，在这种水体中养殖的鲟鱼容易产生畸形甚至中毒死亡。

(5) **人为因素** 人为因素也能造成不利于鲟鱼生存的环境，导致鲟鱼疾病发生。如鲟鱼养殖场所设计建造不合理（池塘养殖池的进、排水系统未分开，网箱养殖中的网箱布局不合理等），易导致鲟鱼池交叉感染；鲟鱼苗种池的池壁粗糙易导致仔鲟及幼鲟体表划伤，易继发性感染某些疾病；鲟鱼放养密度不当或饲养管理不善，会造成同池中的鲟鱼规格不整齐，瘦小的鲟鱼易致病死亡；在鲟鱼病害的防治过程中，不正确地施用药物，不仅不能治愈和预防疾病，反而会影响水体环境，导致更严重的疾病发生。

2. 病原体

引发鲟鱼疾病的病原体主要包括：病毒、细菌、真菌、寄生虫、藻类和其他敌害生物。

（1）**病毒** 病毒是目前已知的最小的一类微生物，测量病毒大小的单位为纳米，只有在电子显微镜下才能看到。病毒结构简单，为非细胞形态，无核糖体等细胞结构；它没有完全的代谢酶系统，不能单独进行物质代谢，必须寄生在活细胞内才能生长繁殖。病毒所致疾病传染性强，死亡率高。目前，还缺乏特效的抗病毒药物。有报道显示鲟鱼致病病毒至少有四种，如虹彩病毒、腺病毒等。

（2）**细菌** 细菌是一种单细胞微生物，个体微小，要在显微镜下才能看到。测定细菌大小的单位为微米或纳米。细菌的形状有球状、杆状和螺旋状三种，分别称球菌、杆菌和螺旋菌。目前发现对鲟鱼危害最大的主要是杆菌，如嗜水气单胞菌等。

（3）**真菌** 真菌是一大类结构比较复杂的微生物，是具有细胞壁、真核的单细胞或多细胞体。多细胞体多呈丝状，分枝交织成团，称为丝状菌。真菌通过无性或有性生殖过程产生各种孢子进行繁殖。感染鲟鱼的真菌主要是水霉属和绵霉属的一些种，如丝水霉、鞭毛绵霉等。

（4）**寄生虫** 寄生虫是营寄生生活的动物，无论是单细胞的原虫还是多细胞的寄生虫，它们都具有摄食、代谢、呼吸、排泄、运动及生殖等全部功能；寄生虫有完整的生活史，它们的寄生生活与环境和中间宿主有密切关系。寄生在鲟鱼上的寄生虫有6门10纲若干种。

（5）**其他敌害生物** 能对鲟鱼类产生伤害的敌害生物有藻类（如水网藻、清泥苔、卵甲藻等）、鱼类（如圆口筒鱼、黄颡鱼、鳘条等）、鸟类（如麻雀、翠鸟等）、兽类（如老鼠、猫等）。

3. 自身免疫力

鲟鱼的苗种质量、体质强弱、人为因素都能影响鲟鱼自身的免疫能力。在人工养殖条件下，由于鲟鱼苗种质量下降，营养不良

以及日常管理不善等多方面的原因，鲟鱼的体质减弱，免疫力下降，对疾病的易感率增加。

（1）**苗种质量与免疫力的关系** 人工繁殖生产的鲟鱼苗种，由于繁殖技术差异，苗种质量也会参差不齐，质量差的鲟苗免疫力低，易染病，成活率极低。鲟鱼人工繁殖过程中，催产时机、催产方式、催产药物及剂量、取卵方式及时机、孵化管理等诸多环节中的一个环节不当，均能使鲟鱼产出的精子、卵子或受精卵质量变差，孵出来的鲟苗体弱、畸形或发育不全等，这样的鲟苗免疫力大大降低。

（2）**饲料营养缺乏导致免疫力低下** 人工配合饲料的营养不全、质量不稳也易导致鲟鱼体质下降，免疫力降低。如鲟鱼在各个生长阶段所需的无机盐、微量元素和维生素得不到及时补充，造成鲟鱼的代谢功能失调，直接就能导致鲟鱼肝脏变黑、身体弯曲等，间接地也会使鲟鱼体质变弱，易感染疾病。

第二节　鲟鱼病害的预防和治疗技术

一、鲟鱼疾病的预防

鲟鱼养殖方式大多为高密度、集约化的养殖方式，鲟鱼很容易因环境不良、投饵不当致病，一旦发病就会迅速在个体间传染，以致在很短时间里发生较大规模的群体疾病，药物治疗较难控制。做好鲟鱼疾病的预防，是控制鲟鱼疾病的首要工作。

根据鲟鱼疾病的特点和鲟鱼疾病的发生原因，归纳鲟鱼疾病的预防措施如下。

（1）**加强设施、苗种及活饵料的消毒** 鲟苗放养前，对养殖设施必须进行药物消毒，如用20毫克/升的高锰酸钾溶液浸泡或用生石灰按150毫克/升的浓度全池泼洒。值得注意的是，养殖设施消毒后，必须用清水冲洗干净药物残液或让消毒药物药性消失（生石灰要等5~7天）后才能放鱼。

鲟鱼苗种放养时也应作消毒处理，一般采用3%的食盐水浸泡

5~10分钟。

对鲟鱼食用的生物活饵料（如水蚤、水蚯蚓等）须严格消毒，常用消毒方法是将待用的活饵料用紫外线照射30分钟后，再用5%的食盐水浸泡10分钟。

（2）**定期预防** 如在鲟鱼发病高峰的仔鱼开口、幼鱼转食等关键时期，须定期用0.5毫克/升的聚维酮碘（PVP-I）对水体进行消毒，同时也可在饲料中添加大蒜素预防肠炎等。

（3）**实施人工免疫** 对危害较大的鲟鱼病毒性或细菌性疾病，在条件具备时，应尽量采用人工疫苗，提高鱼体对这些疾病的免疫力。

（4）**加强日常管理** 高效的日常管理可减少养殖鱼类发病的几率。养殖期间应定时排污、换水，及时捞出死鱼，保持良好的水环境；坚持巡池，防止鼠、鸟、蛇、猫、凶猛鱼类对鱼体的侵袭，苗种阶段尤其要加强管理。

二、用药的一般原则和方法

1. **用药的一般原则**

首先应对鲟鱼的病害进行正确诊断，对症下药，才能取得显著疗效。

根据鲟鱼对一般药物耐受性较弱的特点，应选用既能保证疗效，又能保障鲟鱼安全的药物。如治疗鲟鱼疾病时，不宜使用硫酸铜和敌百虫等药。

应用磺胺类药物与抗生素时，应注意使用的剂量和次数。用量过大、次数过多，易使病原体产生耐药性，使治疗失败。

对于同一养殖场的同一种疾病，可轮换使用具有同一疗效的不同药物。如可选择中西药结合的治疗方案，发挥中、西药各自的长处，提高治疗效果。

施用药物时，要注意药物配伍的禁忌性；同时也要注意环境因素（如水温、pH值、水中有机物等）对药物作用的影响。

2. **主要用药方法**

根据施用药物的性质、鲟鱼疾病的种类、鲟鱼养殖的方式，可

选择适当的用药方法。一般的用药方法有遍洒法、挂袋法、浸浴法、涂抹法、口服法、注射法等,以下简要介绍。

(1) **遍洒法** 又称泼洒法,是对养殖水体全面用药的一种方法。适用于被体外微生物或寄生虫感染的鲟鱼疾病,对疾病的预防和治疗有较好的效果。遍洒法的使用方法是根据养殖水体的体积和能达到治疗效果而又对鲟鱼安全的浓度,准确地计算出药物的使用量,称取药物并将药物分散到适量的水中,然后将药物的溶液(或悬浮液)均匀地泼洒到整个池中。具体操作时应注意:①应准确丈量和计算出水体体积,以便掌握准确的用药量,避免发生意外;②不用金属容器溶解或泼洒药物;③泼洒应在投食之后进行,夏天不应在中午施药;④泼洒时避免局部浓度过高;⑤发现鲟鱼有不正常反应时,应立即注入新水解救。

(2) **挂袋法** 又称挂篓法,是在食场周围悬挂盛药的袋或篓,形成药物区域,当鲟鱼因摄食而进出此区域时达到杀灭体表病原体的目的。此法适用于发病前期的预防和疾病的早期治疗。具体操作时应注意:①鲟鱼对该药的回避浓度应高于该药的治疗浓度,反之,则不能用此法;②各袋所用药物的总量应不超过该药全池泼洒时的用量;③下雨、刮风天不宜采用此法。

(3) **浸浴法** 又称浸泡法,是将较高浓度的药液置于较小的容器中,强迫病鱼在一定的时间里药浴,以便杀灭体表的病原体或使体表病灶收敛、愈合。此法多用于投放时的种苗消毒或工具消毒。具体操作时应注意:①浸浴时应注意浸浴水体的水温,温度高时应适当缩小药物的浓度或缩短浸浴的时间,反之亦反;②浸浴水体的水温应与鲟鱼养殖水体的水温基本保持一致,两者温差不应超过2℃;③忌用金属容器浸浴;④浸浴后的药液不要倒入养殖池。

(4) **涂抹法** 将药物直接涂到鲟鱼体表创口的一种方法,多用于治疗体表创伤或炎症。具体操作时应注意:①涂抹药物的浓度要适度,不可过高;②防止药液流入鲟鱼口部,以免产生药害。

(5) **口服法** 也称内服法,是将药物按剂量混入饲料中制成药饵,使鲟鱼通过摄取饲料而摄入药物,从而达到防治病害的目的。此法适用于杀灭体内的病原体，对体表病原体的感染也有治疗作用。具体操作时应注意：①为使更多的鲟鱼吃到药饵，应在投药前停喂一次，药饵应多投几个点；②药饵的投喂量要比平时的投喂量少10%～20%，以便鲟鱼将全部的药饵吃完；③不应长期使用同一种抗生素或磺胺类药物投喂，并严格控制抗生素或磺胺类药物的投喂量，以免产生抗药性。

（6）**注射法** 指用注射器将定量的药物经过鲟鱼的腹腔或肌肉注射进机体内的方法，此法适用于病情严重，个体较大的鲟鱼。具体操作时应注意：①注入鲟鱼体内的药液不可太多；②多次注射时，不应在同一部位注射。

三、鲟鱼常见病害的防治

目前报道的鲟鱼常见病害主要有以下几种，现将各种病害的防治方法分述如下。

1. 细菌性败血病

病原：该病病原为嗜水气单胞菌，该菌在自然界尤其是水体中广泛分布，为条件致病菌。

症状：病鱼行动迟缓，摄食量下降，体表症状为腹部、口腔周围、骨板基部出血，肛门红肿，鳃丝颜色较淡；剖检有淡红色腹水，肝脏肿大呈土黄色，有坏死灶，后肠及螺旋瓣出血发炎，并充满泡沫状黏液物质（彩图33）。

危害：该病可感染人工养殖的各种规格的鲟鱼，在管理不善、连绵阴雨天时较易发病，该病来势猛、传播快、发病率高，如控制不及时，死亡率很高。

治疗方法：①池水消毒，全池泼洒二氧化氯，用量为每立方米水体用药0.3克。②内服治疗，每100千克鱼每天用恩诺沙星2.0克拌饵，分4次投喂，6天为一个疗程。

预防措施：①保持池水清洁，不投喂腐烂变质的饲料。②定期用0.3毫克/升的二氧化氯、0.5毫克/升聚维酮碘等药物进行水体消毒，并在饲料中定期添加抗菌药物、维生素A和维生素E等。

2. 细菌性肠炎病

病原：该病病原为点状产气单胞菌。

症状：病鱼游动迟缓，食欲减退。检查病鱼，可见肛门红肿，轻压腹部有黄色黏液流出；解剖可见肠壁局部充血发炎或者全肠呈红色，肠内无食物且积黄色黏液（彩图34，彩图35）。

危害：多种鲟鱼的稚鱼、幼鱼（250克以下）易染此病。在水温高于20℃时，因养殖水体水质变差或鲟鱼摄食变质饲料易引发此病，常引起大量死亡。

治疗方法：①采用外用与内服相结合的方法效果较好。外用为全池泼洒0.3毫克/升的溴氯海因或5~10毫克/升的土霉素。②内服治疗，每千克鱼每天用0.02~0.04克大蒜素拌饵投喂，连服5~6天。

预防措施：①保持水质清新，水量充足。②投喂天然饵料，一定要新鲜，投喂人工饲料，要选用颗粒大小适中的全价饲料。③尽量做到定时、定量投喂，定期投喂药饵（每10千克饲料中添加大蒜素2克）。

3. 肿嘴病

病原：从该病对一些抗菌药物较为敏感的现象来看，普遍认为该病病原为细菌。但目前未见有关病原的筛选、回感、鉴定等详细研究资料。

症状：病鱼口部四周充血、肿胀，有时伴有水霉着生，口腔不能活动自如，摄食困难（彩图36）。

危害：该病在20厘米以下的幼鲟阶段发生较多，可造成幼鲟死亡。

治疗方法：①外用治疗，全池泼洒恩诺沙星1毫克/升，连泼3天。②内服治疗，每100千克鱼每天用土霉素3克拌饵投喂，连喂3天。

预防措施：经常换注新水，不投喂变质饲料，及时清除池中残饵，定期对饲料台进行消毒。

4. 烂鳃病

病原：该病病原为柱状屈桡杆菌，该菌在温度为20℃时，生长良好,毒力强。

症状:病鱼体色较淡,行动迟缓,离群独游;鳃丝发白,呈斑块状腐烂,覆盖带水中泥土杂物的胶混黏液(彩图37)。

危害:该病主要危害20厘米以下的鲟鱼。染病后2~3天,病鱼因呼吸困难而死。

治疗方法:①外用,全池泼洒0.3毫克/升二氧化氯,连泼2天;全池泼洒季铵盐类药物,如水产用双季铵盐碘,每立方米水体用药0.5克,疗效显著。②内服治疗,土霉素拌饵投喂,按体重每天用药50毫克/千克,连用3~5天。

预防措施:①及时更换池水,保持水质清新。②每15天全池泼洒一次生石灰(CaO),使池水浓度达到40毫克/升。

5. 疖疮病

病原:该病病原为疖疮型点状产气单胞杆菌。

症状:病鱼体表病灶部位皮下肌肉、组织长脓疮,隆起红肿,该处周围的皮肤和肌肉发炎充血。用手触摸隆起处,肌肉失去弹性、软化;切开患处,可见肌肉溶解,呈混浊、灰黄色凝乳状。

危害:此病不多见,发病后可引起鲟鱼死亡。

治疗方法:全池泼洒季铵盐类药物,如水产用双季铵盐碘,每立方米水体用药0.5克。

预防措施:同烂鳃病。

6. 卵霉病

病原:该病由水霉属和绵霉属等水生真菌寄生引起,常见种类有同丝水霉、鞭毛绵霉等。

症状:受感染的鲟卵上,菌丝像根状物浸入卵膜,外菌丝穿出卵膜或辐射状浸在水中,使鲟卵像一个白色绒球(彩图38)。

危害:在15~20℃水温条件下,鲟卵易感染水霉,传染快,死亡率高。

治疗方法:每天用1%~3%的食盐水浸泡鱼卵20分钟。

预防措施:提高鲟卵受精率,改进孵化方法,保持良好水质或采用人工方法不断清除坏卵。

7. 肤霉病

病原：同卵霉病病原。

症状：此病多为鲟鱼体表受伤而继发感染。病鱼伤处呈灰白色，滋生大量棉絮状水霉菌丝（彩图39）。患病鲟鱼早期离群在水体上层不正常游动，不摄食，鱼体逐渐消瘦，直至死亡。

危害：各种规格的受伤鲟鱼均可感染，严重者可致死。

治疗方法：①工厂化养殖方式可采用提高水温进行控制，效果较好（水温控制在25℃以上，以28~30℃为好）。②全池泼洒食盐、小苏打合剂，用药量为400毫克/升的食盐水+400毫克/升的小苏打。

预防措施：①放养仔、幼鱼的鱼池、池壁池底要光滑，避免擦伤。②运输、转池和放苗时，操作要细致，经过操作后的鱼苗下池时，须用2%~3%的食盐水浸洗5~10分钟消毒。

8. 锥虫病

病原：病原体为锥体虫，主要寄生于鲟鱼的血液中。

症状：病鱼行动迟缓，身体在水中呈"S"形或"L"形弯曲，常卧水底，不摄食，体表无光泽呈黑色，有时在水中上下旋转。

危害：在中华鲟、达氏鲟、施氏鲟中均有发现，有时感染率可达100%，感染强度大，若不及时治疗，3~5天后死亡。

治疗方法：用青霉素G盐按5千克水体加入药物20万~40万国际单位，每天一次，每次浸浴2小时，第一天、第二天用高剂量（40万单位），第三天用低剂量（20万单位），连续3天后可出现好转，7天后恢复正常，并摄食。

预防措施：彻底清塘，消除中间宿主水蛭。

9. 孢子虫病

病原：病原体为孢子虫，主要寄生于鲟鱼的肝脏、皮肤等。

症状：病鱼烦躁不安，在水中快速游动，摄食减少，体表可见比绿豆略小的白点，肝脏颜色土灰，有点状包囊（彩图40）。镜检体表白点或肝脏包囊中有大量孢子虫（彩图41）。

危害：在水泥池养殖的中华鲟和欧洲鳇中有发现，若不及时治疗可引起死亡。

治疗方法：使用含阿维菌素成分的渔药，如"孢虫清"等，用法和用量参见商品包装说明。

预防措施：定期清洗养殖池，保持良好水质。

10. 口丝虫病

病原：病原体为飘游口丝虫，虫体侧面观呈卵形或椭圆形，在口沟前端有2根鞭毛，为附着寄主的胞器。

症状：患病鲟鱼鱼体消瘦，体色发黑。当大量口丝虫侵袭鲟鱼的皮肤和鳃瓣后，肉眼可见有暗淡的小斑点，皮肤上形成一层蓝灰色的黏液，镜检黏液可见大量口丝虫。在被口丝虫破坏的部位，往往继发感染细菌或水霉，形成溃疡，病鱼很快死亡。

危害：该病主要危害鲟鱼的稚鱼、幼鱼，年龄越小的鱼对该病越敏感。该病主要发生在面积小、养殖密度大、水质差的水体，水温为15~20℃时，适宜口丝虫大量繁殖，鱼苗染病后2~3天即出现大批死亡。

治疗方法：用浓度为15~25毫克/升的福尔马林溶液浸泡病鱼30分钟，可杀死口丝虫。

预防措施：①鱼池在放苗前应用150毫克/升生石灰或20毫克/升高锰酸钾彻底消毒。②经常加注新水，保持水质清新。

11. 车轮虫病

病原：病原体为车轮虫属和小车轮虫属的一些种。

症状：病鱼体表无光泽，消瘦，游动迟缓。打开鳃部，可见鳃丝暗红色，黏液较多。镜检可见在体表和鳃上有大量车轮虫寄生。

危害：该病主要危害静水池塘中培育的稚鲟、幼鲟，大量寄生时，虫体成群地聚集在鳃的边缘或鳃丝缝隙里，破坏鳃组织，严重影响鱼的呼吸机能，使鱼死亡。

治疗方法：①将病鱼用5%食盐水浸浴1小时，转入流水池中饲养，病情可好转而痊愈。②用15%~25%浓度的福尔马林可去除鱼体和鳃上的车轮虫。

预防措施：同口丝虫病。

12. 斜管虫病:

病原:病原体为斜管虫。

症状:病鱼在水中急躁不安,时而游蹿至水面,生长略有减慢,向水中看去病鱼体表披有一层蓝灰色的薄膜样笼罩物,口腔、眼腔有黑色素增多现象。

危害:该寄生虫易感染在静水池塘饲养的鲟鱼,为池塘长期未注入新水,水质老化造成,虫体大量寄生于鲟鱼体表、口腔、鳃部,可引起大量死亡。

治疗方法:转入流水池饲养,病情可好转。

预防措施:鲟鱼养殖水体应定期加注新水,防止水质老化。

13. 三代虫病

病原:病原体为三代虫。

症状:患病鲟鱼幼鱼嘴部四周充血,鳃充血,幼鱼有缺氧浮头现象。

危害:虫体寄生于鲟鱼幼鱼体表和鳃部,可继发感染细菌,引起烂鳃,致鱼死亡。

治疗方法:全池泼洒生物碱性杀虫剂,如"鱼虾杀虫灵",每立方米水体用药0.08毫升,效果较好。

预防措施:稚鱼、幼鲟食用的活饵(水蚯蚓、水蚤等)应严格消毒,避免病原体的带入。

14. 小瓜虫病

病原:病原体为多子小瓜虫(彩图42)。

症状:患病鱼体日渐消瘦,游泳能力大大降低,且烦躁不安,食欲减退。肉眼观察,病鱼体表布满白色小点,在鳃丝和鳍条处严重。镜检体表黏液或鳃丝可见大量多子小瓜虫(彩图42)。

危害:该病多发于水泥池静水饲养的鲟鱼苗种,水温20~25℃条件下,易暴发此病。虫体侵袭鱼的皮肤和鳃瓣,在组织里以组织细胞为营养,引起组织坏死,阻碍呼吸,导致鱼窒息死亡。

治疗方法:①提高池水温度至30℃进行控制,效果较好。②用浓度为50毫克/升的福尔马林溶液浸浴30~60分钟,重复3

天。③用3.5%的食盐和1.5%的硫酸镁溶液浸浴15分钟。用0.38毫克/升干辣椒粉溶液和0.15毫克/升生姜片溶液混合加水煮沸后全池泼洒。

预防措施：①鱼池在放苗前应用150毫克/升的生石灰或20毫克/升的高锰酸钾彻底消毒。②增强鱼体质，在水泥池养殖鲟鱼过程中，应保持一定的流水量。

15. 气泡病

病因：本病是水中氮气或氧气含量过饱和时（氮气饱和度达125%以上时即会发生氮气所引起的气泡病，在氮气饱和度达130%以上时，短时间内即会引发致命的危害），使得鱼的肠道、鳃、肌肉等组织内形成微气泡，进而使微细血管产生栓塞，造成组织水肿等现象，而使鱼致死。养殖用水使用地下深层水或自喷地表水时，极易取到氮气过饱和的水而引发此病。

症状：病鱼游动缓慢、上浮贴边或分布在水流较缓处的中、上层水中，病重者腹部膨大明显，下沉困难。肉眼检查，可见在口前两侧的两条沟裂内有许多呈线形排列的气泡；剖腹可见部分胃内有食物，肠内有黄色黏液和气泡。镜检鳃丝发白，鳃丝间黏液较多，有许多小气泡，鳃丝完整。

危害：该病对鲟鱼幼鱼（15厘米以下）造成危害最大，严重时，3~5天就可使大部分的鱼死亡。

治疗方法：①全池泼洒食盐，使池水浓度为0.5%。②把有病的鱼收集到经处理过的较低温水中，加大水流速度，增加鱼的运动量，使鱼通过体循环，较快地排出体内气泡。③用针穿刺病鱼腹部放气，效果较好。

预防措施：①减少水源过度曝气，防止水源中气体过饱和。②鲟鱼转食期间，池中充气头罩上网罩，可避免鲟鱼误食气泡。

16. 肝性脑病

病因：长期投喂来自污染严重、体内富积大量有毒物质的水蚯蚓或长期大量施用某种防病药物。

症状：病鱼患病早期有跳跃、乱蹿等极度兴奋行为，散游或独游，食量减少，后期处于昏迷、嗜睡状态，停食，直至死亡。肉

眼检查病鱼体色、体表正常，偶有头部前端和吻部的腹面表皮脱落、背面粉红，或胸鳍基部、口周围有一些增生物，或肛门红且稍凸出。解剖可见肝脏紫色或褐色或灰色，严重者肝糜烂，胆囊正常，肠内无食物，肾脏、脾脏、心脏正常；肝病变较轻者（活力较好者）脑形状正常可辨，眼观无异常，解剖针可挑起；肝病变较重者（濒死、死亡者）脑糜烂、破碎，难辨结构，用针拨动呈豆腐状，解剖针不能挑起，颜色呈乳白色。

危害：该病主要危害人工转食阶段的各种鲟鱼，可造成大量死亡。

治疗方法：在饲料中添加乳果酸或乳梨醇对施氏鲟肝性脑病有治疗作用。

预防措施：①注重水质调节，保持良好水质。②投喂人工养殖的水蚯蚓，减少或避免在饲料中添加药物。

17. 心外膜脓肿

病因：潘连德认为该病病因与高首鲟心外膜脂肪组织炎的病因相近，推测饲料中的氧化脂肪是该病的原因。具体的致病物质及机制尚不清楚。

症状：病鱼患病初始阶段，食量减少，散游或独游于池中，后期游动日渐缓慢、停食、最终死亡。患病鲟鱼体色正常，体表除心脏部位外凸外无其他结构上的异常。解剖可见肝脏的外形略显肿大，颜色因个体大小不同而有程度不同的淤血点，个体较大者呈紫黑色，小的则为红色或局部出现灰红色。心脏外表呈不规则凹凸瘤状，腹面颜色由红到白，动脉球红紫色。个体大的鱼体，心脏前端为灰色，后部为紫色。稍小的鱼体表现出心房肿大。鲟鱼前肠空，后肠食物饱满。肠壁、肾脏、鳃、脾、脑等器官，从外观看无异常，体腔内无异常结构。

危害：该病的发生集中在体重为 15~200 克、体长为 15~30 厘米的鲟鱼幼鱼。患病鲟鱼有施氏鲟、俄罗斯鲟、杂交鲟等。

治疗方法：目前尚无有效的治疗措施。

预防措施：投喂无污染的水蚯蚓，减少或避免饲料中的药物添加可有效预防鲟鱼心外膜脓肿。

18. 红斑病

病因：该病由水蚤、虾类咬伤引起，或因孵化设备、仔鱼护养池表面粗糙、流速过大引起。

症状：患病仔鱼卵黄囊前端、下部或两侧以及背面、尾端下部等部位出现血红色的点状斑块，病苗常于水面游动，大约可存活10天。

危害：此病主要危害开口前期的仔鱼。

治疗方法：彻底清除水蚤等敌害生物，合理控制孵化池、护养池的水体流速。

预防措施：孵化池、护养池的池底、池壁应光滑，用水水源应经60目以上的纱窗布过滤。

19. 大肚子病

病因：该病为消化不良或气单胞菌引起。

症状：病鱼体色正常，腹部膨胀，腹部向上浮在水面无力游动；解剖胃中食物较多，肠道边有气泡，有的胃中食物不多，但有气。

危害：该病主要危害转食期间的鲟鱼幼鱼，染病率低，传染率也不高，患病幼鱼不会很快死亡。

治疗方法：内服治疗，每千克饲料添加氟哌酸2~6克、干酵母8~12克、大黄3克，拌饵投喂，5天为一个疗程。若发现病鱼群粪便变稀，大黄应减量或停喂。

预防措施：改善水环境，降低养殖密度，增加水流量。

20. 蛀鳍病

病因：该病是因为在鲟鱼开口期或转食期，由于放养密度过大，规格不整齐，个体大、活动强的幼鲟把个体小、活动弱的幼鲟的鳍条当食物咬伤所致。

症状：病鱼游动失去平衡，在水体上层靠池边活动；肉眼可见病鱼胸鳍、尾鳍破损、分叉，严重者鳍基部充血，鳍条溃烂，继发水霉。

危害：该病主要发生在椎鲟开口期和幼鲟转食期，易继发水霉

引起死亡。

治疗方法：及时挑出患病幼鲟，进行常规消毒后单养，以防继发水霉引起死亡。

预防措施：①保持鲟苗放养密度合理，同池鱼规格整齐。②仔鲟开口期和转食期要少量多次地投喂充足适口的饲料。

21. 卵甲藻病

病原：该病由一种嗜酸性卵甲藻（彩图43）寄生鲟鱼体表引起，这种藻喜生活在 pH 值为 5.0~6.5 的水体中。

症状：鲟鱼患病初期，体表出现稀疏的小白点，以后逐渐增多，严重时像滚了一层面粉；病鱼游动缓慢，食欲减退，终至瘦弱死亡（彩图44）。

危害：该病主要危害 10~25 厘米的鲟鱼苗种，在水温为 20~25℃时，从开始出现症状到大批量死亡时间为 30~40 天。

治疗方法：①将病鱼移入微碱性的鱼池中，效果较好。②全池泼洒生石灰，使池水浓度为 40 毫克/升，每天 1 次，连续 2~3 次。

预防措施：①定期用生石灰调节池水的 pH 值。②在养殖池上加盖遮阳网，降低卵甲藻的繁殖速度。

22. 敌害生物

在人工养殖条件下，敌害生物对鲟鱼的危害主要发生在室外土池和网箱养殖的鲟鱼中，危害较大的敌害生物主要包括蓝藻、甲藻、青泥苔、水网藻、有害昆虫、蛙、蛇类和有害鸟类等。

（1）蓝藻、甲藻　在池塘进行鲟鱼苗种培育或成鱼养殖期间，当水温超过25℃，水中有机质含量过高，不定时注入新水，水中蓝藻或甲藻易大量繁殖，形成优势种群。当蓝藻大量繁殖时，在水面形成蓝色油膜状"水华"；当甲藻大量繁殖时，使水变成红棕色，俗称"红水"。这两种藻类因过度繁殖或水质突变死亡后，易分解产生有毒的羟胺和硫化氢（蓝藻）或有毒的甲藻素（甲藻），使鲟鱼中毒死亡。

防治方法：经常加注新水或含大量绿藻等有益藻类的池水，改变池水的酸碱度和水温，抑制蓝藻或甲藻形成优势种群。

（2）青泥苔和水网藻　青泥苔和水网藻喜生长在水浅、有机质较多的池塘内或水库中养殖鲟鱼的网箱网衣上，在室外流水养殖水泥池上也有生长，它们大量繁殖后，在水中长成一缕缕绿色的细丝，衰老后呈块状浮在水面。鲟鱼苗钻进其中往往游不出来，易造成死亡。青泥苔和水网藻在鱼池中存在，还严重妨碍牵网捕捞；在网箱网衣上，也影响水体交换。

防治方法：①对生长在水泥池和水库网箱上的青泥苔，可采取架设遮阳网的方法，抑制青泥苔的生长繁殖。②对生长在土池中的青泥苔，可用生石灰全池泼洒，使池水呈40毫克/升浓度。

（3）**有害昆虫** 包括水生昆虫（如水蜈蚣、中华水斧、松藻虫、田鳖、红娘华等）和部分陆生昆虫幼虫（差翅亚目的幼虫），它们在5—6月份大量出现在室外土池中，对养殖在室外土池的鲟鱼幼鱼产生危害。

防治方法：①放苗前用70~100千克/亩的生石灰彻底清塘消毒，杀灭成虫和虫卵。②全池泼洒90%晶体敌百虫，每立方米水体用药0.3克。

（4）**蛙和蛇类** 各种蛙和水蛇类，可吞食室外土池中饲养的鲟鱼苗种，尤其是匙吻鲟苗种。同时蝌蚪在池中也与养殖的鲟鱼苗争食，影响鲟鱼苗的生长。

防治方法：①在蛙的产卵季节，每天要捞出池中的蛙卵和蝌蚪。②发现池塘中有水蛇，要及时清除。

（5）**有害鸟类** 主要有翠鸟、水鸦雀、苍鹭等。在鲟鱼的室外土池饲养和网箱养殖过程中，有些鲟鱼（如匙吻鲟）经常在池水的中、上层游动，特别是在清晨和傍晚喜欢在水的上层寻找食物，有可能被这些鸟类捕食。

防治方法：①养殖场区发现鸟类，立即驱赶。②在有害鸟类多的地方进行鲟鱼养殖，必须安装防鸟拦网。

第三节 病害防治与食品安全

随着人们生活水平的提高，消费者对水产品的需求由过去的数量型转变为质量型，追求无污染、无残留、无公害的安全食品已

逐渐成为人们的消费时尚。同时，各国严格的水产品准入标准、SPS协定（实施动植物卫生检疫措施的协定）已成为影响我国水产品国际贸易的壁垒。为确保生产的水产品符合相关安全卫生指标要求，加强养殖鲟鱼病害防治的过程控制、减少鱼病发生，合理使用渔药、减少渔药残留量就显得非常重要。

一、加强预防减少病害发生

在鲟鱼养殖生产中，应坚持"以防为主，防重于治，防治结合"的原则，大力推广健康养殖技术，积极采用生态防病措施，保持优良的鲟鱼生存环境，满足鲟鱼生理上的营养需求，增强其自身的免疫能力，减少养殖鲟鱼病害发生，尽量避免大量使用渔药。

1. 保持水源及养殖水体水质优良

鲟鱼养殖场应选择水质优良、水源充足的地方建设，确保养殖生产中有充足、优良的水源供应。养殖生产过程中应加强水质监测，利用适当措施调控养殖水质。养殖鲟鱼的水源及养殖水体水质应符合中华人民共和国农业行业标准《无公害食品　淡水养殖用水水质》（NY 5051）或《无公害食品　海水养殖用水水质》（NY 5052）的要求。

2. 适当控制放养密度

目前，鲟鱼养殖主要采用集约化养殖方式。已有的研究表明，在进行鲟鱼养殖时，无论采用网箱养殖、工厂化养殖或流水养殖方式，放养密度过高时，尽管养殖总产量会提高，但养殖个体的生长速度却并非最高，而苗种投放量的增加会显著提高苗种投入成本，使得养殖生产总的投入产出比反而不如密度较低时高。养殖鱼类的不同个体存在一定的个体差异，养殖密度过大时，极易出现"强者恒强、弱者更弱"的现象，加上鲟鱼一般均体被骨板，抢食、挤擦等行为均会导致鱼体体表皮肤损伤，体弱、受伤个体增多必然增加养殖鱼类染病的几率。因此，养殖鲟鱼时宜保持适宜的放养密度，并随个体生长及时分池、分箱养殖。

3. 投喂优质全价饲料

鲟鱼养殖期间，应尽量使用优质全价的配合饲料，以满足鲟鱼生长发育对各种营养元素的需求。同时，采用商品配合饲料养殖时，应选用符合中华人民共和国农业行业标准《无公害食品 渔用配合饲料安全限量》（NY 5072）对鲟鱼专用配合饲料要求的饲料。

4. 减少鲟鱼人为损伤

鲟鱼养殖生产中，捕捞、运输、转池等各种生产操作必不可少。如果方法不当、操作细节粗糙，就会给养殖个体带来应激反应刺激，甚至直接造成鱼体内外损伤。

二、严格控制渔药使用

除了通过各种预防措施尽量避免养殖鲟鱼病害发生外，鲟鱼病害一旦发生必须进行药物防治时，应严格按照中华人民共和国农业行业标准《无公害食品 渔用药物使用准则》（NY 5071）的要求合理使用药物。同时，在实际操作中还应注意以下两点。

1. 要注意对症下药、标本兼治

病害发生进行药物治疗时，应全面分析病害发生的诱因、主因及继发性原因，准确诊断，分清主次，抓住缓急，达到对症下药、标本兼治的效果：①如鲟鱼鱼体同时感染寄生虫和病菌，应先杀虫后杀菌，如果不杀寄生虫，细菌、真菌、病毒的感染门户永远存在，易再发或继发疾病。②对养殖鲟鱼的营养状况应做正确评价，如因营养缺乏引发的疾病，在治疗的同时，应及时调整饲料及营养配方。③在针对鲟鱼病害之病原用药的同时，应注重提高鲟鱼自身的免疫力，如在饲料中添加免疫多糖。④药物防治时，要注意改良养殖水体环境，增加氧气供应，以减少鲟鱼的应激反应，必要时可增加抗应激药物。

2. 选择适当的用药方法

用外用药治疗时，应选择恰当的用药方法和用药时间，以提高效果，减少用药量，降低药物对环境的不利影响：①能采用药浴方法治疗的病例，就不要采用全池泼洒用药的方式。②必须采用

全池泼洒用药时，在条件许可情况下，应尽量降低水位，以减少用药量。③注意用药时间的选择，如有些寄生虫有趋光性，当养殖鲟鱼发生这些寄生虫病时，应选择晴天上午用药，其效果更佳。晴天时，一般水体的酸碱度（pH值）上午较下午低，多数药在上午使用较好，而二氧化氯应在近傍晚使用好。

第七章 鲟鱼的活体运输与暂养技术

内容提要：鲟鱼的捕捞与运输；鲟鱼的暂养技术。

第一节 鲟鱼的捕捞与运输

一、捕捞方法与渔具

1. 天然水域鲟鱼的捕捞

天然水域的鲟鱼一般都是生长到成年的个体，其个体一般都较大，身体强壮，捕捞时需要一定的技巧。在我国出产鲟鱼的长江和黑龙江流域，渔民一般采用大规格滚钩来捕捞鲟鱼，有些渔民也采用流刺网捕捞鲟鱼。

滚钩是一种常见的渔具，在长江流域尤其是长江中、上游地区，滚钩作业的主要渔获物是大口鲇、长吻鮠、鲤鱼等个体较大的底层鱼类，有时候也会捕捞到"四大家鱼"、胭脂鱼等种类，捕捞鲟鱼时，一般均采用特制的大规格滚钩。由于这种渔法主要捕捞大个体亲鱼，同时为避免对中华鲟、胭脂鱼等保护鱼类的误捕，《中华人民共和国渔业法》对滚钩的规格有明确的限制，用于捕捞鲟鱼的大规格滚钩属于禁用渔具，目前只在进行科研捕捞，并需经相关部门批准后才可使用。流刺网是一种常见渔具，一般用于捕捞中、小型底层鱼类，有时候也会误捕到鲟鱼。

天然水域鲟鱼的捕捞作业一般采用双船作业方式。鲟鱼洄游的

渔汛期，一般在其主要洄游通道或分布相对密集的河道作业。作业方法：两艘渔船各执捕捞渔具（滚钩或流刺网）的两端，保持渔具随水贴底漂流，沿河道深槽顺流而下进行捕捞，鲟鱼活动或逆流上溯时被钩或流网缠裹而被捕获。由于鲟鱼个体大，易挣脱，捕获鲟鱼后一般应及时将其拴固，然后连同渔具一起驶向平坦及缓流的河滩后再清理渔具，处理渔获物。

2. 养殖鲟鱼的捕捞

养殖鲟鱼的捕捞方法和工具主要根据养殖方式而定。利用网箱、流水或工厂化等集约化养殖方式时，一般都是收拢网箱、放水后直接捞取。捕捞池塘养殖的鲟鱼时，一般借用我国传统捕捞方法，采用围网拉网捕捞（彩图32），第一网的起捕率一般都在80%以上，2~3网即可将鲟鱼全部捕起。

在捕捞放养在湖泊、水库等大水面水体中的鲟鱼（一般为匙吻鲟）时，可采用的渔具有定置浮刺网、三层刺网、围网、滚钩和毛钩等，其中前三种渔具使用较普遍。

（1）**定置浮刺网** 定置浮刺网呈长带形，网的长度为15~30米，网上装有上纲、上缘纲、下纲和浮子等。网目根据被捕鱼的规格而定，一般为10~15厘米，主要用于捕捞匙吻鲟亲鱼、成鱼以及鲌鱼、鳡鱼等凶猛鱼类。每船需2名操作人员，捕捞作业时一般先放标志浮，随后下网，观察发现网内有鱼挣扎时可及时排网取鱼，然后将网衣整理好后放回水中继续捕捞。这种捕捞方式捕捞的渔获物一般受伤较轻。

（2）**三层刺网** 三层刺网呈长带形，用锦纶或乙纶线制成，由内外网衣、纲索、浮子和沉子等组成。内网衣在外网衣中间。网目为12~14厘米，网线规格为2×3或3×3。外网衣网目50~70厘米，网线规格为5×3或6×3。每片网衣长度为50米，高度根据水域的深度而定，浅网为5米，深网在10米以上。浮子呈纺锤形，用塑料制成，沉子由铅或锡制成，为鼓形，中间穿孔，每个净重15克。一般用于捕捞匙吻鲟亲鱼、成鱼和凶猛鱼类。作业时每船配备3~4人，放网5~10条。下网前应整理好网具，下网时操作人员应注意协调配合，一般各安排1人分别负责上纲网衣和下纲部位，1人操船，网片顺序入水。放网后应整理网片，避免浮子、沉子和网衣缠在一起，否则影响捕捞效果。必要时可用木板敲击船头或用竹篙打水等方式赶鱼入网，以提高效率。

（3）围网　围网是一种在湖泊中捕捞成鱼的渔具，其形状、结构和制作方法与拦鱼网相同，较为常见故不作详细介绍。捕捞作业时，根据捕捞范围和规模确定船舶和人员需求，在湖泊中作业时少则10余人，多则20人以上。用这种方法捕捞时，由于同时捕捞的鱼类总量及种类一般都较多，网合拢后应首先将匙吻鲟及一些不耐低氧的高价值鱼类取出，以免因密度过高致死而导致不必要的经济损失。

二、鲟鱼运输

鲟鱼养殖与销售的诸多环节都涉及活体运输问题，目前，运输鲟鱼的主要方法与常规水产品种的活体运输方法类似，如塑料袋充氧运输、橡皮袋充氧运输、活鱼运输车运输、帆布鱼篓运输、木桶运输等，运输的工具包括车、船、飞机，也可以采用直接人力运输等方法。

1. 塑料袋充氧密封运输

塑料袋充氧密封运输具有体积小、装卸方便、装运密度大、成活率高等优点，是进行鲟鱼受精卵、仔幼鱼苗种远距离快速运输的常用方法，尤其适合空运，有时也用于小规格鲜活商品鱼的运输。

常用的塑料袋规格一般长为700～900毫米、宽为400～500毫米，也有采用底部方形塑料袋的，规格一般为300毫米×300毫米×700毫米。另外，还有一种细长条形包装塑料袋，一般长为700～900毫米、宽为250～300毫米，专门用于运输规格为2～5千克的商品鲟鱼，运输时每袋放鱼1尾。这些用品一般在渔需商店都有销售，也可以按需要及规格找厂家定制。

采用塑料袋充氧密封运输时，每袋装运生物的数量（装运密度）要根据运输品种、类型（受精卵、仔鱼、稚鱼、幼鱼、成鱼）和规格、水温和气温、运输距离（时间）、体质及换水条件等综合

考虑。以中华鲟为例，在维持运输水温为 16~20℃、12 小时到达的情况下，一般每袋装运受精卵 10 000 粒左右；或全长为 1.2~1.8 毫米的仔鱼 3 000~4 000 尾；或全长为 2.0~3.2 厘米的仔鱼 2 500~3 000 尾；或全长为 9~12 厘米的幼鱼 100~120 尾。运输匙吻鲟苗种时，放 10~12 厘米规格鱼种 80~100 尾，保持水温在 18~21℃，安全运输持续时间可达 18~20 小时。如不发生漏水、漏气等意外事故，塑料袋充氧运输的成活率一般可达 95% 以上。

具体操作时，首先应逐袋检查塑料袋是否漏气，然后充水至袋体 1/4~1/3，放入受精卵或鱼苗、鱼种，挤压排出袋内空气，立即充足纯氧，用橡皮筋圈或包装带扎紧。为防止塑料袋破裂漏水、漏气，必要时可采用双层塑料袋，并分别将内、外袋口扎紧。包装好的塑料袋应放入专用包装箱运输。专用包装箱一般有两层，内层为泡沫箱，外层为纸箱。包装袋放入包装箱后不要急于封包，可稍待片刻检查未见漏水、漏气后再打包待运。气温较高的季节运输时，可在泡沫箱四角分别放置 1 只冰袋（也可用废弃矿泉水瓶装水制冰），使包装袋内的水温不会急速升高，保持相对稳定的低温，可以提高运输成活率。包装袋内的最终用水量可根据运输方式适当调整，空运一般每袋用水为 10~12 千克，汽车运输时可将用水量适当增加到 15~17 千克。

在鲟鱼商品鱼产量较低、价格较高的时期，塑料袋充氧密封运输法也被用于商品鱼的运输，尤其是在不同市场间的空运。但由于鲟鱼成鱼活动力强，而且体被骨板，包装袋内个体间的相互挤擦，经常刺破塑料袋并损伤鱼体皮肤，运输成活率不稳定，运后的个体多数伤痕累累，品相差，影响销售价格。为解决这些问题，后来又改进为单尾包装运输，运输效果有所改进。但总体上，用这种方法运输成鱼时成本都偏高，而且包装工作量大，目前，在大批量商品鱼运输中已较少使用。

2. 橡皮袋充氧运输

这种运输方法与塑料袋密封充氧运输原理相同，只是将制作包装袋的材料全部或部分改用橡胶或强度及韧性更好的塑料，可有效防止鲟鱼骨板刺破包装袋，提高运输成活率。这种包装袋一般可多次利用，相对成本并不比塑料袋运输法高，一般用于运输已达到一定规格的鲟鱼幼鱼、亚成体或商品鱼。

采用橡皮袋充氧运输时，在包装袋规格为长700~900毫米、宽400~500毫米，或为300毫米×300毫米×700毫米方底时，每袋一般装全长为30~40厘米的个体10~15尾，或全长为40~55厘米的个体6~8尾，或全长为60~70厘米的个体4~5尾，或全长为76~86厘米的个体3~4尾。如果采用汽车运输，也可将包装袋的规格进一步加大。

3. 活鱼运输车运输

活鱼运输车以货运汽车为载体，配套安装有水槽、纯氧增氧设备的专用活鱼运输工具，已成为目前鲜活水产品长途运输的主要工具。改装活鱼运输车的车辆可以是各种轻型载货汽车或各种载重车，具体可根据投资、市场情况确定。装鱼水槽的制作材料采用玻璃钢、高强度塑料、钢板、不锈钢等均可，目前，采用较多的是高强度塑料和玻璃钢。增氧设备一般采用氧气瓶或液氧瓶，经减压阀、管道、气石或微囊曝气管接入水槽中增氧。条件较好的活鱼运输车还会对水槽壁进行保温处理（如采用双层板、中间加泡沫保温层），并配备专门的制冷机组及水质监测仪器等。

活鱼运输车主要用于商品鲟鱼或亲鱼的运输，尤其在大批量、1 000~1 500千米长距离运输时，其运输性价比及成活率都较高。同时，该方法也适于运输规格较大（一般体长为15厘米以上）的鲟鱼苗种。在水槽未作保温处理或未配置制冷机组时，主要在秋、冬季节和初春使用。使用可保温水槽或安装了制冷机组的运输车则不受季节限制。

采用活鱼运输车运输鲟鱼时，水槽放鱼量应根据运输车的保温制冷条件、气温变化、距离远近、种类等综合确定。如运输体重为200~350克的匙吻鲟鱼种，水温为8~12℃时，一般每立方米水体可放鱼150~250尾；运输匙吻鲟成鱼时，水温应保持在15℃左右，每立方米水体可放鱼50~60千克；运输过程中不间断供氧，持续运输时间可达24小时，成活率在95%以上。其他有骨板的鲟鱼可适当降低放鱼量，避免因过于密集，导致鱼体挤擦增多损伤

鱼的体表皮肤,加快体表分泌物的分泌而影响水质,以致对运输成活率、商品价值带来不利影响。

除以上介绍的运输方式外,我国传统的帆布鱼篓运输、鱼桶运输等也可用于运输鲟鱼苗种或成鱼,但由于这些方法设备配套性差,目前一般仅用于生产中的分池、转运或短距离运输,长时间、或长距离的运输较少采用。

4. 鲟鱼运输需注意的几个问题

(1) 做好运输前的准备工作 在鲟鱼运输中,无论运输受精卵、仔鱼、幼鱼、成鱼或亲鱼,提取做好运输前的各项准备,不仅可提高工作效率,对确保运输鱼类的安全、提高运输成活率也至关重要。如运输工具的检查、维修,包装袋的检漏,池塘养殖的苗种在运输前应拉网锻炼1~3次,剔除病残个体,然后集中在水泥池等有流动水、方便操作的环境中暂养,成鱼或集约化养殖的苗种运输前也应进行一定次数的集中密集操作,以增强其对高密集环境的适应能力。条件具备时,对受精卵、苗种等需要逐尾过数的品种应尽量提前计数,可以提高包装时的工作效率,缩短苗种在包装袋内的总时间。

(2) 控制好运输水温 鲟鱼的代谢强度与水温密切相关,水温高时,其生理代谢活动会急剧增加,分泌物增多会加快运输水体水质变坏,因此,控制好运输时的水温对运输效果影响明显。但水温的控制也要适当,需根据运输的种类、运输的目的等确定,并非运输水温越低越好。如运输鲟鱼受精卵和仔鱼、幼鱼的最适水温一般控制在 15~18℃,尤其要注意运输过程中温度的相对稳定,温差变化不能太大,否则会影响孵化率和放养后的成活率。运输上市销售的商品成鱼时,由于运输后一般仅需暂养数日,条件允许时可尽量降低运输水温,一般将水温调节到 8~15℃ 包装运输,具体情况下可根据运输时的水源温度、气温、运输设备条件确定运输水温(如是否有保温、制冷设备等)。运输亲鱼时也以较低的水温运输效果较好。

运输中的水温控制还包括在包装前、运输到达后的适应性训练。尤其运输后进行养殖的仔鱼、幼鱼、亲鱼等,如果养殖水体的水温与运输水温有较大的温差（大于2℃以上时），运输前均需要进行温度适应性训练，一般仔鱼、幼鱼每小时的温差变化最好不要高于2℃。同时，受精卵、仔鱼、幼鱼等在运输到达后，也要根据放养水体及运输容器内的水温情况，进行调温处理。有条件时，上市销售的商品鱼也可按此法操作，可提升其商品价值，延长暂养时间。另外，运输受精卵时，应尽量保持运输水温与原水体水温相一致，缩小温差变化，并采用保温运输。

（3）**停食** 除受精卵、早期仔鱼外，规格苗种、成鱼及亲鱼在运输前都应停食一段时间，使鱼体将肠道内粪便尽量排空后运输，有利于保持运输水体水质，提高运输成活率，在进行长距离或较长时间运输前尤其要注意。

停食时间可根据运输种类及运输时的季节、水温综合确定。一般全长为5~15厘米苗种运输前停食1~2天即可，成鱼和亲鱼停食3~5天即可。

（4）**操作要细心** 主要是指在进行过秤计数、充氧包装或装鱼入水槽的过程中，操作要认真细心，做到准、快、轻，防止运输操作不当对鱼类个体造成外伤或短时间急速缺氧等。

（5）**加强运输中的监控与观察** 在采用活鱼运输车等方式进行长途运输时，运输途中应定期观察设备运转及运输鱼类的活动情况，条件具备时应对运输水体的溶解氧、水温进行必要检测，以便发现异常时及时处理。但进行较远距离运输、需要较长连续运输时间时，运输途中可换水1~2次，每次换水量约为水槽水量的1/3即可。

第二节　鲟鱼的暂养技术

一、暂养设施

我国人民在消费水产品时，讲求水产品的鲜活、生猛，认为用活鱼烹制的菜肴味道更佳，鲟鱼的消费也是如此，而且鲟鱼类蛋白质含量高，可制作成鲜鲟鱼片直接食用，消费时讲求鲜活的现象就更为突出。因此，销售鲟鱼一般都配备有一定的暂养设施。

目前，进行鲟鱼暂养的设施基本都借用其他淡水鱼的暂养设施，一般经营者都根据经营场地条件，因地制宜地配置和建设，使用的暂养设施可谓多种多样。塑料水族箱、玻璃钢水槽、小型水泥池等均可作鲟鱼销售暂养池。其中前两种易清洗、可搬动，使用率较高。另外，鲟鱼普遍对水体溶氧量要求较高，配套一台小型空气压缩增氧机非常必要。

二、销售暂养期间的注意事项

鲟鱼销售暂养时，为保障暂养商品鱼的安全，应注意以下事项：①暂养用水可使用自来水，但第一次放鱼的新水，应用充气泵进行较充分的曝气去氯后再放鱼，以免鲟鱼不适或死亡，造成不必要的损失。②暂养期间，放鱼较多时，使用充气泵充气增氧。③炎热天气应及时补充新水，必要时可在暂养池内放置少量冰块。④经常清洗暂养池，最好每天都换用新水或每天至少换水1/3左右。

第八章 健康养殖相关知识

内容提要：健康养殖的意义和现状；安全水产品等级。

第一节 健康养殖的意义和现状

一、推广健康养殖的原因

据预测，今后 15~20 年，人类对水产品的消费量将增加 50%~60%。近年来，水产养殖业以其巨大的发展潜力，成为全球水产品供给的主要来源。但是，受传统养殖方式的限制，水产养殖业正面临着越来越多的问题。如传统养殖方式虽可以通过增加养殖面积来提高总产量，但养殖效益明显下降，产品质量降低的问题突出；养殖营养物的外排、化学药物的使用造成水体污染，环境恶化；主要养殖品种病情严重且呈爆发性流行；无节制的海水养殖带来滩涂和养殖海域破坏，造成大面积赤潮，使沿岸生态环境恶化，水域生物多样性减少等。为解决这些问题，人们开始探索新的养殖模式和技术，主要目的就是在生产质量安全的产品的同时，尽量减轻养殖活动对生态环境的破坏，维系水产养殖业的可持续发展，从而提出了"健康养殖"这一概念并逐渐付诸实施。

二、国际上对水产健康养殖的研究

目前,国际上对水产健康养殖的研究主要涉及现行不同养殖方式的环境影响评估;养殖系统内的水质调控技术;病害的生物防治技术;水生生物的遗传多样性保护和水产养殖中的优质饲料技术等领域。欧美在健康养殖技术及健康养殖管理方面比较有代表性的是美国的淡水鲖鱼养殖与挪威的大西洋鲑养殖。他们的大多数技术措施均体现了健康养殖的思想,首先是对这两种鱼类的养殖生物学、生态环境基础理论的研究比较深入,养殖设施先进,而且操作机械化程度很高,如进、排水,投饵施肥,清塘,苗种运输等,快捷方便,单位水体产量高,而且水产品质量也很高,有明确的卫生标准。他们的主要措施是,不间断地进行品种选育,以保证养殖良种化,如挪威大西洋鲑的人工选育品系,已占该国网箱养殖产量的80%以上。总体来说,国际上健康养殖的研究处在起步阶段。微生物、微生态技术在健康养殖中的应用尚属初步阶段,对于许多具体的健康养殖技术的有效性有待评价。

三、我国推行健康养殖的状况和改进措施

我国是世界第一水产养殖大国,健康养殖的研究也才起步,与国外比较还有一定差距。主要表现在:①养殖基础设施和设备差,机械化、自动化程度低,水处理设备落后,基本为流水式开放系统;②养殖技术落后,饲料利用率低,浪费严重,结果造成渔场老化,水质污染严重;③管理水平低,表现在养殖生产病害频发,养殖环境自污染程度高;④思想观念陈旧,环保意识不强,普遍处于粗放型养殖状态,没有健康养殖意识。这些差距的存在,不仅不利于我国水产养殖业的可持续发展,而且产品质量和生产效益都受到影响。如近几年我国水产品出口就常因微生物超标及使用禁用药物而遭受贸易壁垒。

要实现水产健康养殖的目标,需要在具体实施过程中以HACCP为基础对整个养殖过程进行全面监控。主要包括:①加强品种选育,培育抗病、抗逆性强的优质品种;②优化养殖模

式,在养殖品种搭配、放养密度、投入产出水平以及养鱼和其他生产方式的结合等方面探索新方法、新技术;可持续的健康养殖模式应当是品种结构搭配合理,投入和产量水平适中,养鱼和种植业、禽畜养殖业有机结合,通过养殖系统内部的废弃物的循环再利用,达到对各种资源的最佳利用,最大限度地减少养殖过程中废弃物的产生,在取得理想的养殖效果和经济效益的同时,达到最佳的环境生态效益;完善的集约化、工厂化养殖模式,在提高产量效益的同时,减少养殖用水对环境的污染,也是一种有效的健康养殖;③开发营养平衡的高效饲料,采用合理的饲料投喂技术;饲料质量不仅决定了饲料转化效率,也会影响养殖废弃物排放量;而不科学的投喂方法,不仅造成饲料浪费,还会对养殖环境带来大量污染;④加强养殖生产过程的健康管理,强化养殖水体生态环境控制,通过维持水体的微生态平衡抑制病原生物生长、强化有益微生物功能,减少渔药使用,在必须使用药物预防与治疗病害时,应严禁使用违禁药物,并尽量采用无公害渔药(绿色渔药)。

鲟鱼类因其对养殖环境要求高,是一类非常适合开展健康养殖的品种。

第二节 安全水产品等级

一、安全食品的概念

安全食品的概念可以有广义和狭义之分。广义的安全食品是指长期正常食用不会对身体产生阶段性或持续性危害的食品;狭义的安全食品则是指按照一定规程生产,在营养、卫生指标等各方面符合国家相关标准的食品。另外,针对市场上出现的一些滥用农药,并上市销售的"有毒蔬菜",我国消费者还有一种"放心菜"的习惯叫法;这里所谓的"放心菜",主要强调产品中剧毒农药残留量低于规定标准,食用后不会引发中毒、不适等现象,对生产者及生产过程没有特殊限制或严格监控,只是蔬菜上市的最

低要求，严格说来还不属于真正的安全食品。

二、安全食品的种类与等级

1. 无公害农产品

无公害农产品或者叫无公害食品，是指生产地的环境、生产过程和产品质量符合一定标准和规范要求，并经过认证合格，由授权部门审定批准，获得认证证书，允许使用无公害农产品标志的、没有经过加工或者经过初加工的食用农副产品。

要符合以上要求，无公害农产品的生产基地选择和生产过程控制就非常重要。在生产基地选择方面，应该选择空气清新，水质纯净，土壤未受污染，具有良好农业生态环境的地方，应尽量避免在繁华的城镇、工业区和交通要道旁选择生产基地。生产基地的土壤、水、空气中有毒有害物质，如有机氯、有机磷、氟化物、硝酸盐、重金属和微生物都有一定标准。另外，在生产过程中要有一个生产技术的规程，如限制剧毒农药的使用等。

总体来看，无公害农产品（食品）注重产品的安全质量，其质量指标主要包括两个方面，就是产品中重金属含量和农药（兽药）残留量要符合规定的标准。其标准要求不是很高，涉及的内容也不是很多，适合我国当前的农业生产发展水平和国内消费者的需求，是中国普通农副产品的质量水平，对于多数生产者来说，达到这一要求不是很难。

2. 绿色食品

绿色食品的概念由我国提出，是指遵循可持续发展原则，按照特定生产方式生产，经专门机构认证，许可使用绿色食品标志的无污染的安全、优质、营养类食品。由于与环境保护有关的事物国际上通常都冠之以"绿色"，为突出这类食品出自良好生态环境，因此定名为绿色食品。

无农药残留、无污染、无公害、无激素，安全、优质、营养是绿色食品的典型特征。绿色食品的种植、养殖和加工过程中，通过严密监测和控制，执行规定的技术标准和操作规程，限制或禁止使用化学合成物（如化肥、农药等）及其他有毒有害的生产资料，实施从"农田到餐桌"全过程质量控制，防范农药残留、放射性物质、重金属、有害细菌等对食品生产各个环节及生态环境的污染，以确保食品洁净安全，提高产品质量。

绿色食品比无公害农产品的要求更严、食品安全程度更高。对绿色食品的认定需要由有相应资质的单位提供的产地认定证书、产品认证证书、监测报告等资料。同时，这些认定证书一般都有认证有效期，超过有效期未进行重新认定的产品，则不得再以绿色食品具名出售。

绿色食品又分为 A 级和 AA 级两大类。

A 级：生产基地的环境质量符合 NY/T 391－2000 的要求，生产过程严格按照绿色食品的生产准则使用食品添加剂（NY/T 392－2000）、农药（NY/T 393－2000）、肥料（NY/T 394－2000）、饲料和饲料添加剂（NY/T 471－2010）、渔药（NY/T 755－2003），产品质量符合 A 级绿色食品的标准，如农业部颁发的 A 级绿色食品行业标准 NY/T 842－2004（鱼），产品包装符合包装通用准则（NY/T 658－2002）的要求等。

AA 级：生产地环境与 A 级相同，生产过程中不使用化学合成的肥料、农药、兽药以及政府禁止使用的激素、食品添加剂、饲料添加剂和其他有害环境和人体健康的物质。其产品符合 AA 级绿色食品标准。AA 级绿色食品标准已经达到甚至超过国际有机农业运动联盟的有机食品的基本要求。

3. 有机食品

有机食品是从英、法"Organic Food"直译过来的，已得到国际普遍认同，其他国家或语言中也有叫生态食品或生物食品的。国际有机农业运动联盟（IFOAM）对有机食品下的定义是：根据有机食品种植标准和生产加工技术规范而生产的、经过有机食品颁证组织认证并颁发证书的一切食品和农产品。我国国家环境保护总局（现中华人民共和国环境保护部）有机食品发展中心（OFDC）认证标准中对有机食品的定义是：来自于有机农业生产体系，根据有机认证标准生产、加工、并经独立的有机食品认证

机构认证的农产品及其加工品等。包括粮食、蔬菜、水果、奶制品、禽畜产品、蜂蜜、水产品、调料等。

有机食品是最高档、最安全、市场价格最高的安全食品。有机食品采用完全不用人工合成肥料、农药、生长调节剂和饲料添加剂的生产体系。有机农业的原则是在农业能量的封闭循环状态下生产,全部过程都利用农业资源,而不利用农业以外的能源影响和改变农业的能量循环。同时禁止使用基因工程产品,在土地转型方面有严格规定,一般需要2~3年的转换期。有机食品在数量上进行严格控制,要求定地块、定产量生产。

有机食品与无公害食品、绿色食品的最显著差别主要有三个方面。

①有机食品的生产加工过程绝对禁止使用农药、化肥、激素等人工合成物质,并且不允许使用基因工程技术;其他食品则允许有限使用这些物质,并且不禁止使用基因工程技术。如绿色食品对基因工程技术和辐射技术的使用就未作规定。

②有机食品在土地生产转型方面有严格规定。考虑到某些物质在环境中会残留相当一段时间,土地从生产其他食品到生产有机食品需要2~3年的转换期,而生产绿色食品和无公害食品则没有转换期的要求。

③有机食品在数量上进行严格控制,要求定地块、定产量,生产其他食品没有如此严格的要求。

因此,有机食品的生产要比其他食品难得多,需要建立全新的生产体系和监控体系,采用相应的病虫害防治、地力保持、种子培育、产品加工和储存等替代技术。我国现有条件下,一般主张先发展A级绿色食品,以后逐步向AA级过渡,再与国际上推行的有机食品接轨。

三、安全食品的主要区别与注意点

实际上,目前我国进行认证的安全食品等级类别有无公害食品、绿色食品和有机食品三类,"绿色无公害食品"则是对这三类食品的通俗或习惯叫法,是一种统称。

在无公害食品、绿色食品和有机食品这三类安全食品中，无公害食品级别最低，是安全食品的一种基本要求，普通食品都应达到这一要求。绿色食品则是我国农业部门推广的认证食品，又分为 A 级和 AA 级两种。其中 A 级允许限量使用化学合成生产资料，AA 级则较为严格地要求在生产过程中不使用化学合成的肥料、农药、兽药、饲料添加剂、食品添加剂和其他有害于环境和健康的物质。有机食品则绝对禁止使用农药、化肥、激素等人工合成物质和基因工程技术，生产管理过程控制标准也更高。

以上三类安全食品体系，符合当代农产品生产由普通农产品发展到无公害农产品，再发展至绿色食品或有机食品的趋势。绿色食品跨接在无公害食品和有机食品之间，无公害食品是绿色食品发展的初级阶段，有机食品是质量更高的绿色食品。

对无公害食品、绿色食品、有机食品的认识，需要注意以下几个问题。

①绿色食品未必都是绿颜色的，绿颜色的食品也未必是绿色食品。即这里的"绿色"只是一种概念借用。

②无公害或无污染是一个相对概念，食品中所含物质是否有害也是相对的，关键是量，只有某种物质达到一定的量才会有害，才会对食品造成污染，只要有害物含量控制在标准规定的范围之内就有可能成为绿色或无公害食品。

③并不是只有偏远、无污染的地区才能从事绿色无公害食品生产。只要生产区域环境污染物不超过标准规定范围就能进行绿色无公害食品生产。

④封闭、落后、偏远山区及未受人类活动污染地区生产的食品并非一定就是绿色无公害食品。有时这些地区的大气、土壤或河流因含有天然有害物，生产的产品质量会受影响。

⑤野生的、天然的食品，如野菜、野果等是否是绿色无公害食品，同样要经过专门机构的认证。

附 录

附录1 渔用药物使用和渔药残留限量相关标准

一、渔用药物使用方法

附表1-1 鲟鱼养殖常用药物使用方法

渔药名称	用途	用法与用量	休药期/天	注意事项
氧化钙（生石灰）	改善池塘环境、清除敌害生物及预防部分细菌性疾病	带水清塘200~250毫克/升；全池泼洒20毫克/升		不能与漂白粉、有机氯、重金属盐和有机络合物混用
漂白粉	清塘，改善池塘环境，防治细菌性皮肤病	带水清塘20毫克/升；全池泼洒1.0毫克/升	≥5	①勿用金属容器盛装；②勿与酸、铵盐、生石灰混用
二氯异氰脲酸钠	清塘及防治细菌性皮肤病	全池泼洒：0.3~0.6毫克/升	≥10	勿用金属容器盛装
三氯异氰脲酸	清塘及防治细菌性皮肤病	全池泼洒：0.2~0.5毫克/升	≥10	①勿用金属容器盛装；②水体pH值不同时使用量应适当增减

续表

渔药名称	用　途	用法与用量	休药期/天	注意事项
二氧化氯	防治细菌性疾病	浸浴：20～40毫克/升，5～10分钟；全池泼洒：0.1～0.2毫克/升，严重时0.3～0.6毫克/升	≥10	①勿用金属容器盛装；②勿与其他消毒剂混用
二溴海因	防治细菌性和病毒性疾病	全池泼洒：0.2～0.3毫克/升		
氯化钠（食盐）	防治细菌性、真菌性或寄生虫性疾病	浸浴：1%～3%，10～15分钟		
高锰酸钾（锰酸钾、灰锰氧、锰强灰）	用于杀灭锚头鳋	浸浴：10～20毫克/升，15～30分钟；全池泼洒：4～7毫克/升		①水中有机物含量高时药效降低；②不宜在强烈阳光下使用
福尔马林（40%甲醛溶液）	用于治疗寄生虫病，如车轮虫病、小瓜虫病等	以10～30毫克/升的水体终浓度全池泼洒，隔天一次，直到病情控制为止	≥30	①禁止与漂白粉、高锰酸钾、强氯精合用；②使用时防止缺氧
四烷基季铵盐络合碘（季铵盐含量为50%）	对病毒、细菌、纤毛虫、藻类有杀灭作用	全池泼洒：0.3毫克/升		①勿与碱性物质同用；②勿与阴性离子表面活性剂混用；③使用后注意池塘增氧；④勿用金属容器盛装

续表

渔药名称	用途	用法与用量	休药期/天	注意事项
聚维酮碘（聚乙烯吡咯烷酮碘、皮维碘、PVP-I、伏碘）（有效碘为1.0%）	用于防治细菌性、病毒性疾病	全池泼洒：0.5毫克/升；浸浴：30毫克/升，15~20分钟		①勿与金属物品接触；②勿与季铵盐类消毒剂直接混合使用
氟苯尼考	用于治疗细菌性疾病	拌饵投喂：每千克体重10毫克，连用4~6天	≥7	
土霉素	用于治疗肠炎病	拌饵投喂：每千克体重50~80毫克，连用4~6天	≥30	勿与铝、镁离子及卤素、碳酸氢钠、凝胶合用
磺胺嘧啶（磺胺哒嗪）	用于治疗肠炎病	拌饵投喂：每千克体重100毫克，连用5天		第一天药量加倍
磺胺甲噁唑（新诺明、新明磺）	用于治疗肠炎病	拌饵投喂：每千克体重100毫克，连用5~7天		①不能与酸性药物同用；②第一天药量加倍
大蒜	用于防治细菌性肠炎病	拌饵投喂：每千克体重10~30克，连用4~6天		
大蒜素粉（含大蒜素10%）	用于防治细菌性肠炎病	每千克体重0.2克，连用4~6天		

续表

渔药名称	用途	用法与用量	休药期/天	注意事项
大黄	用于防治细菌性疾病	全池泼洒：2.5~4.0毫克/升；拌饵投喂：每千克体重5~10克，连用4~6天		投喂时常与黄芩、黄柏合用，三者比例为5:2:3
黄芩	用于防治细菌性疾病	拌饵投喂：每千克体重2~4克，连用4~6天		投喂时常与大黄、黄柏合用，三者比例为2:5:3
黄柏	用于防治细菌性疾病	拌饵投喂：每千克体重3~6克，连用4~6天		投喂时常与大黄、黄芩合用，三者比例为3:5:2
五倍子	用于防治细菌性疾病	全池泼洒：2~4毫克/升		
穿心莲	用于防治细菌性疾病	全池泼洒：15~20毫克/升；拌饵投喂：每千克体重10~20克，连用4~6天		
苦参	用于防治细菌性疾病	全池泼洒：1.0~1.5毫克/升；拌饵投喂：每千克体重1~2克，连用4~6天		

资料来源：中华人民共和国农业行业标准《无公害食品 渔用药物使用准则》（NY 5071—2002）。

二、禁用渔药

附表1-2 禁用渔药

药物名称	化学名称（组成）	别名
地虫硫磷	O-乙基-S-苯基二硫代磷酸乙酯	大风雷
六六六	1, 2, 3, 4, 5, 6-六氯环己烷	
林丹	γ-1, 2, 3, 4, 5, 6-六氯环己烷	丙体六六六
毒杀芬	八氯莰烯	氯化莰烯
滴滴涕	2, 2-双（对氯苯基）-1, 1, 1-三氯乙烷	
甘汞	二氯化汞	
硝酸亚汞	硝酸亚汞	
醋酸汞	醋酸汞	
呋喃丹	2, 3-二氢-2, 2-二甲基-7-苯并呋喃基-甲基氨基甲酸酯	克百威、大扶农
杀虫脒	N-（2-甲基-4-氯苯基）N'，N'-二甲基甲脒盐酸盐	克死螨
双甲脒	1, 5-双-（2, 4-二甲基苯基）-3-甲基-1, 3, 5-三氮戊二烯-1, 4	二甲苯胺脒
氟氯氰菊酯	α-氰基-3-苯氧基-4-氟苄基（1R, 3R）-3-（2, 2-二氯乙烯基）-2, 2-二甲基环丙烷羧酸酯	百树菊酯、百树得
氟氰戊菊酯	（R, S）-α-氰基-3-苯氧苄基-（R, S）-2-（4-二氟甲氧基）-3-甲基丁酸酯	保好江乌、氟氰菊酯
五氯酚钠	五氯酚钠	
孔雀石绿	$C_{23}H_{25}ClN_2$	碱性绿、盐基块绿、孔雀绿

续表

药物名称	化学名称（组成）	别名
锥虫胂胺		
酒石酸锑钾	酒石酸锑钾	
磺胺噻唑	2-（对氨基苯磺酰胺）-噻唑	消治龙
磺胺脒	N1-脒基磺胺	磺胺胍
呋喃西林	5-硝基呋喃醛缩氨基脲	呋喃新
呋喃唑酮	3-（5-硝基糠叉胺基）-2-噁唑烷酮	痢特灵
呋喃那斯	6-羟甲基-2-［-（5-硝基-2-呋喃基乙烯基）］吡啶	P-7138（实验名）
氯霉素（包括其盐、酯及制剂）	由委内瑞拉链霉素生产或合成法制成	
红霉素	属微生物合成，Streptomyces eyythreus 生产的抗生素	
杆菌肽锌	枯草杆菌 Bacillus subtilis 或 B. licheniformis 抗生素，为一含有噻唑环的多肽化合物	枯草菌肽
泰乐菌素	S. fradiae 所产生的抗生素	
环丙沙星	为合成的第三代喹诺酮类抗菌药，常用盐酸盐水合物	环丙氟哌酸
阿伏帕星		阿伏霉素
喹乙醇	喹乙醇	喹酰胺醇羟乙喹氧
速达肥	5-苯硫基-2-苯并咪唑	苯硫哒唑氨甲基甲酯

续表

药物名称	化学名称（组成）	别名
己烯雌酚（包括雌二醇等其他类似合成的雌性激素）	人工合成的非甾体雌激素	乙烯雌酚、人造求偶素
甲基睾丸酮（包括丙酸睾丸素、去氢甲睾酮以及同化物等雄性激素）	睾丸素 C_{17} 的甲基衍生物	甲睾酮、甲基睾酮

资料来源：中华人民共和国农业行业标准《无公害食品　渔用药物使用准则》（NY 5071—2002）。

三、水产品中渔药残留限量

附表 1-3　水产品中渔药残留限量

药物类别		药物名称		指标（MRL）/（微克·千克$^{-1}$）
		中文	英文	
抗生素类	四环素类	金霉素	Chlortetracycline	100
		土霉素	Oxytetracycline	100
		四环素	Tetracycline	100
	氯霉素类	氯霉素	Chloramphenicol	不得检出
磺胺类及增效剂		磺胺嘧啶	Sulfadiazine	100（以总量计）
		磺胺甲基嘧啶	sulfamerazine	
		磺胺二甲基嘧啶	Sulfadimidine	
		磺胺甲噁唑	Sulfamethoxaozole	
		甲氧苄啶	Trimethoprim	50
喹诺酮类		噁喹酸	Oxilinic acid	300

续表

药物类别	药物名称		指标（MRL）/
	中文	英文	（微克·千克$^{-1}$）
硝基呋喃类	呋喃唑酮	Furazolidone	不得检出
其他	己烯雌酚	Diethylstilbestrol	不得检出
	喹乙醇	Olaquindox	不得检出

资料来源：中华人民共和国农业行业标准《无公害食品 水产品中渔药残留限量》（NY 5070—2002）。

附录2 养殖用水水质标准

一、渔业水域水质

渔业水域的水质应符合《渔业水质标准》(GB 11607—1989) 的要求 (附表2-1)。

附表2-1 渔业水质标准

项目序号	项目	标准值
1	色、臭、味	不得使鱼、虾、贝、藻类带有异色、异臭、异味
2	漂浮物质	水面不得出现明显油膜或浮沫
3	悬浮物质	人为增加的量不得超过10,而且悬浮物质沉积于底部后,不得对鱼、虾、贝类产生有害的影响
4	pH 值	淡水为6.5~8.5, 海水为7.0~8.5
5	溶解氧/(毫克·升$^{-1}$)	连续24小时中,16小时以上必须大于5,其余任何时候不得低于3,对于鲑科鱼类栖息水域冰封期其余任何时候不得低于4
6	生化需氧量(5天、20℃)/(毫克·升$^{-1}$)	不超过5,冰封期不超过3
7	总大肠菌群/(个·升$^{-1}$)	不超过5 000 (贝类养殖水质不超过500)
8	汞/(毫克·升$^{-1}$)	≤0.000 5
9	镉/(毫克·升$^{-1}$)	≤0.005
10	铅/(毫克·升$^{-1}$)	≤0.05
11	铬/(毫克·升$^{-1}$)	≤0.1

续表

项目序号	项目	标准值
12	铜/(毫克·升$^{-1}$)	≤0.01
13	锌/(毫克·升$^{-1}$)	≤0.1
14	镍/(毫克·升$^{-1}$)	≤0.05
15	砷/(毫克·升$^{-1}$)	≤0.05
16	氰化物/(毫克·升$^{-1}$)	≤0.005
17	硫化物/(毫克·升$^{-1}$)	≤0.2
18	氟化物（以 F$^-$ 计）/(毫克·升$^{-1}$)	≤1
19	非离子氨/(毫克·升$^{-1}$)	≤0.02
20	凯氏氮/(毫克·升$^{-1}$)	≤0.05
21	挥发性酚/(毫克·升$^{-1}$)	≤0.005
22	黄磷/(毫克·升$^{-1}$)	≤0.001
23	石油类/(毫克·升$^{-1}$)	≤0.05
24	丙烯腈/(毫克·升$^{-1}$)	≤0.5
25	丙烯醛/(毫克·升$^{-1}$)	≤0.02
26	六六六（丙体）/(毫克·升$^{-1}$)	≤0.002
27	滴滴涕/(毫克·升$^{-1}$)	≤0.001
28	马拉硫磷/(毫克·升$^{-1}$)	≤0.005
29	五氯酚钠/(毫克·升$^{-1}$)	≤0.01
30	乐果/(毫克·升$^{-1}$)	≤0.1
31	甲胺磷/(毫克·升$^{-1}$)	≤1
32	甲基对硫磷/(毫克·升$^{-1}$)	≤0.0005
33	呋喃丹/(毫克·升$^{-1}$)	≤0.01

资料来源：中华人民共和国国家标准《渔业水质标准》（GB 11607—1989）。

二、淡水养殖水质

淡水养殖的水质应符合《无公害食品 淡水养殖用水水质》（NY 5051—2001）的要求（附表2-2）。

附表2-2 淡水养殖水质要求

序号	项目	标准值
1	色、臭、味	不得使养殖水体带有异色、异臭、异味
2	总大肠菌群/（个·升$^{-1}$）	≤5 000
3	汞/（毫克·升$^{-1}$）	≤0.000 5
4	镉/（毫克·升$^{-1}$）	≤0.005
5	铅/（毫克·升$^{-1}$）	≤0.05
6	铬/（毫克·升$^{-1}$）	≤0.1
7	铜/（毫克·升$^{-1}$）	≤0.01
8	锌/（毫克·升$^{-1}$）	≤0.1
9	砷/（毫克·升$^{-1}$）	≤0.05
10	氟化物/（毫克·升$^{-1}$）	≤1
11	石油类/（毫克·升$^{-1}$）	≤0.05
12	挥发性酚/（毫克·升$^{-1}$）	≤0.005
13	甲基对硫磷/（毫克·升$^{-1}$）	≤0.000 5
14	马拉硫磷/（毫克·升$^{-1}$）	≤0.005
15	乐果/（毫克·升$^{-1}$）	≤0.1
16	六六六（丙体）/（毫克·升$^{-1}$）	≤0.002
17	DDT/（毫克·升$^{-1}$）	≤0.001

资料来源：中华人民共和国农业行业标准《无公害食品 淡水养殖用水水质》（NY 5051—2001）。

三、海水养殖水质

海水养殖的水质应符合《无公害食品 海水养殖用水水质》(NY 5052—2001)的要求(附表2-3)。

附表2-3 海水养殖水质要求

序号	项目	标准值
1	色、臭、味	海水养殖水体不得有异色、异臭、异味
2	大肠菌群/(个·升$^{-1}$)	≤5 000,供人生食的贝类养殖水质≤500
3	粪大肠菌群/(个·升$^{-1}$)	≤2 000,供人生食的贝类养殖水质≤140
4	汞/(毫克·升$^{-1}$)	≤0.000 2
5	镉/(毫克·升$^{-1}$)	≤0.005
6	铅/(毫克·升$^{-1}$)	≤0.05
7	六价铬/(毫克·升$^{-1}$)	≤0.01
8	总铬/(毫克·升$^{-1}$)	≤0.1
9	砷/(毫克·升$^{-1}$)	≤0.03
10	铜/(毫克·升$^{-1}$)	≤0.01
11	锌/(毫克·升$^{-1}$)	≤0.1
12	硒/(毫克·升$^{-1}$)	≤0.02
13	氰化物/(毫克·升$^{-1}$)	≤0.005
14	挥发性酚/(毫克·升$^{-1}$)	≤0.005
15	石油类/(毫克·升$^{-1}$)	≤0.05
16	六六六/(毫克·升$^{-1}$)	≤0.001
17	滴滴涕/(毫克·升$^{-1}$)	≤0.000 05
18	马拉硫磷/(毫克·升$^{-1}$)	≤0.000 5
19	甲基对硫磷/(毫克·升$^{-1}$)	≤0.000 5
20	乐果/(毫克·升$^{-1}$)	≤0.1
21	多氯联苯/(毫克·升$^{-1}$)	≤0.000 02

资料来源:中华人民共和国农业行业标准《无公害食品 海水养殖用水水质》(NY 5052—2001)。

附录3　常用鲟鱼商品饲料品牌及厂家信息

1. 北京汉业科技有限公司

饲料品牌：汉业、温格尔

公司地址：北京市密云溪翁庄华都工业园 B 区

联系电话：010-69015088　　E-mail：hanye@bjhanye.cn

2. 百安饲料有限公司

饲料品牌：泰都

公司地址：广东省佛山市顺德区勒流镇百丈工业区 19 号

联系电话：0757-25551296　　E-mail：sdbaian@163.com

3. 中山统一企业有限公司

饲料品牌：统一

公司地址：广东省中山市阜沙镇大有工业园区

联系电话：0760-23403608

4. 青岛金海力水产科技有限公司

饲料品牌：海力

公司地址：山东省青岛市崂山区东韩村

联系电话：0532-5833438

5. 武汉福龙饲料有限公司

饲料品牌：高龙

公司地址：湖北省武汉市东湖新技术开发区关南工业园

联系电话：027-87807766

6. 山东升索渔用饲料研究中心

饲料品牌：升索

公司地址：山东省烟台市福山高新技术产业区鸿福街 99 号

联系电话：0535-6439686

7. 泉江饲料有限公司

饲料品牌：泉江
公司地址：福建省厦门市同安洪塘头工业区
联系电话：0592-7010688

附录4　主要鲟鱼苗种供应商信息

1. 湖北天峡鲟业有限公司

生产鲟鱼苗种品种主要有：西伯利亚鲟、施氏鲟、俄罗斯鲟、欧洲鳇、达氏鳇、小体鲟、杂交鲟等。

公司地址：湖北省宜都市红花创业园

负责人：蓝泽桥

联系电话：13872538988　E-mail：txyy99@vip.163.com

2. 宜昌三江渔业有限公司

生产鲟鱼苗种品种主要有：匙吻鲟、西伯利亚鲟、施氏鲟、达氏鳇、小体鲟、杂交鲟等。

公司地址：湖北省宜昌市夷陵大道65号3e商务大厦703室

负责人：易继舫

联系电话：13607202569

3. 湖北省匙吻鲟良种场（仙桃市华洲名特水产养殖有限公司）

生产鲟鱼苗种品种主要是匙吻鲟。

公司地址：湖北省仙桃市张沟镇三同村

负责人：陆华洲

联系电话：13807226376

4. 湖北恒升实业有限公司

生产鲟鱼苗种品种主要有：匙吻鲟、西伯利亚鲟、杂交鲟等。

公司地址：湖北省荆州市荆州区郢城镇

联系人：张健

联系电话：13035316488

5. 大连永新鲟鱼开发有限公司

生产鲟鱼苗种品种主要有：西伯利亚鲟、施氏鲟、俄罗斯鲟、杂交鲟等。

公司地址：辽宁省大连市安波七道房水库

负责人：姜旭

联系电话：13352219988

6. 杭州千岛湖鲟龙科技开发有限公司

生产鲟鱼苗种品种主要有：西伯利亚鲟、达氏鳇、俄罗斯鲟、杂交鲟。

公司地址：浙江省杭州市淳安县石林镇

负责人：王斌

联系电话：13901033039

7. 北京龙兴鲟鱼开发有限公司

生产鲟鱼苗种品种主要有：施氏鲟、达氏鲟、湖鲟、西伯利亚鲟、小体鲟等。

公司地址：北京市怀柔区开放路76号

负责人：张双

联系电话：13801163286

8. 黑龙江省抚远县鲟鳇鱼繁育养殖有限公司

生产鲟鱼苗种品种主要有：施氏鲟、达氏鳇。

公司地址：黑龙江省抚远县抚远镇迎宾路

负责人：屈兴才

联系电话：13803673554

9. 四川润兆渔业资源开发有限公司

生产鲟鱼苗种品种主要有：施氏鲟、西伯利亚鲟、俄罗斯鲟。

公司地址：四川省彭州市军乐镇红星村

负责人：李军

联系电话：13708192721

10. 都江堰日兴鲟鱼科技有限公司

生产鲟鱼苗种品种主要有：达氏鳇、西伯利亚鲟、小体鲟、俄罗斯鲟、匙吻鲟、杂交鲟。

公司地址：四川省都江堰市玉堂镇青城桥村

负责人：张家均

联系电话：13608173915

11. 鲟龙集团

生产鲟鱼苗种品种主要有：西伯利亚鲟、施氏鲟、俄罗斯鲟、匙吻鲟、杂交鲟、达氏鳇、欧洲鳇。

公司地址：山东省青岛市珠山风景区内

负责人：杨维益

联系电话：13964295888

12. 湖北荆州众发水产科技有限公司

生产鲟鱼苗种品种主要有：西伯利亚鲟、施氏鲟、匙吻鲟、杂交鲟。

公司地址：湖北省荆州市观音垱镇

负责人：朱永林

联系电话：13607212135

13. 北京鲟龙鲟鱼养殖有限公司

生产鲟鱼苗种品种主要有：施氏鲟、达氏鳇、西伯利亚鲟、杂交鲟等。

负责人：石振广

联系电话：13803664988

参考文献

陈细华.2007.鲟形目鱼类生物学与资源现状.北京：海洋出版社，1-161.

陈志援.2007.鲟鱼养殖技术之二：南方利用冷泉水流水养殖施氏鲟技术.中国水产，(12)：42-43.

董宏伟，康志平.2007.丁鱥池塘套养美国匙吻鲟技术.黑龙江水产，(3)：34-35.

高宝安.2005.西伯利亚鲟鱼池塘养殖试验.河北渔业，(4)：31.

何玉明，王维善，周凤建，等.2006.生态型循环水处理系统在工厂化养鱼中的应用研究.渔业现代化，(5)：9-11.

李修峰，杜俊成，项风云，等.2005.池塘主养匙吻鲟获益高.科学养鱼，(3)：24-25.

李正友，李道友，杨兴，等.2005.水泥池流水养殖杂交鲟试验.水利渔业，(1)：26-42.

林甦，陈庆芳，杨笑波，等.2000.淡水网箱养鱼.广州：广东科技出版社，1-204.

乔军旗，李天.2009.匙吻鲟水库网箱养殖试验.科学养鱼，(3)：29.

四川省长江水产资源调查组.1988.长江鲟鱼类生物学及人工繁殖研究.成都：四川科学技术出版社，1-281.

谭国良，蒋明，刘焕霞，等.2004.匙吻鲟水库放养试验.重庆水产，(3)：12-15.

王武，陆伟民，吴嘉敏，等.2000.鱼类增养殖学.北京：中国农业出版社，101-111.

王玉堂.1994.网箱养鱼高产新技术.北京：农村读物出版社，1-188.

王玉堂，熊贞.2001.淡水冷水性鱼类养殖新技术.北京：中国农业出版社，36-73.

谢忠明.2002.鲟鱼养殖技术.北京：中国农业出版社，1-366.

赵振经，赵春霞.2000.流水养鱼技术.北京：金盾出版社，1-128.

朱永久，危起伟，杨德国，等.2005.中华鲟常见病害及其防治.淡水渔业，(06)：47-50.

佐野和生. 1997. 循环水工程的关键技术. 基隆：水产出版社，1-266.

Fred S Conte, Serge I Doroshov, Paul B Lutes, et al. 1988. Hatchery Manual for the White Sturgeon *Acipenser transmontanus* Richardson. Division of Agriculture and Natural Resources University of California, 1-90.

Martin Hochleithner, Jörn Gessner. 1999. The Sturgeons and Paddlefishs (Acipenseriformes) of the World: Biology and Aquaculture. Aqua Tech Publications 6-206.

海洋出版社水产养殖类图书目录

书名	作者
水产养殖新技术推广指导用书	
黄鳝、泥鳅高效生态养殖新技术	马达文 主编
翘嘴鲌高效生态养殖新技术	马达文 王卫民 主编
斑点叉尾鮰高效生态养殖新技术	马达文 主编
鳗鲡高效生态养殖新技术	王奇欣 主编
淡水珍珠高效生态养殖新技术	李应森 李家乐 主编
鲟鱼高效生态养殖新技术	杨德国 主编
乌鳢高效生态养殖新技术	肖光明 主编
河蟹高效生态养殖新技术	周 刚 主编
青虾高效生态养殖新技术	龚培培 主编
淡水小龙虾高效生态养殖新技术	唐建清 主编
海水蟹高效生态养殖新技术	归从时 主编
南美白对虾高效生态养殖新技术	李卓佳 主编
日本对虾高效生态养殖新技术	翁 雄 宋盛宪 何建国等 编著
扇贝高效生态养殖新技术	杨爱国 王春生 林建国 编著
水产养殖系列丛书	
黄鳝养殖致富新技术与实例	王太新 著
泥鳅养殖致富新技术与实例	王太新 编著
淡水小龙虾(克氏原螯虾)健康养殖实用新技术	梁宗林 孙 骥 陈士海 编著
罗非鱼健康养殖实用新技术	朱华平 卢迈新 黄樟翰 编著
河蟹健康养殖实用新技术	郑忠明 李晓东 陆开宏等 编著
黄颡鱼健康养殖实用新技术	刘寒文 雷传松 编著
香鱼健康养殖实用新技术	李明云 著
优良龟类健康养殖大全	王育锋 主编
淡水优良新品种健康养殖大全	付佩胜 轩子群 刘 芳等 编著
中华鳖健康养殖实用新技术	轩子群 马汝芳 林玉霞等 编著

书名	作者
鲍健康养殖实用新技术	李 霞 王 琦 刘明清 岳 昊 编著
鲑鳟、鲟鱼健康养殖实用新技术	毛洪顺 主编
金鲳鱼(卵形鲳鲹)工厂化育苗与规模化快速养殖技术	古群红 宋盛宪 梁国平 编著
刺参健康增养殖实用新技术	常亚青 于金海 马悦欣 编著
对虾健康养殖实用新技术	宋盛宪 李色东 翁 雄等 编著
半滑舌鳎健康养殖实用新技术	田相利 张美昭 张志勇等 编著
海参健康养殖技术(第2版)	于东祥 孙慧玲 陈四清等 编著
海水工厂化高效养殖体系构建工程技术	曲克明 杜守恩 编著
饲料用虫养殖新技术与高效应用实例	王太新 编著
龟鳖高效养殖技术图解与实例	章 剑 著
石蛙高效养殖新技术与实例	徐鹏飞 叶再圆 编著
泥鳅高效养殖技术图解与实例	王太新 编著
黄鳝高效养殖技术图解与实例	王太新 著
淡水小龙虾高效养殖技术图解与实例	陈昌福 陈萱 编著
图说鳗鲡疾病防治	林天龙 龚 晖 主编
图说斑点叉尾鮰疾病防治	汪开毓 肖 丹 主编
龟鳖病害防治黄金手册	章 剑 王保良 著
海水养殖鱼类疾病与防治手册	战文斌 绳秀珍 编著
淡水养殖鱼类疾病与防治手册	陈昌福 陈 萱 编著
对虾健康养殖问答(第2版)	徐实怀 宋盛宪 编著
河蟹高效生态养殖问答与图解	李应森 王 武 编著
王太新黄鳝养殖100问	王太新 著